イギリス海軍戦艦 ドレッドノート

弩級・超弩級戦艦たちの栄光 1906-1916

オーナーズ・ワークショップ・マニュアル

クリス・マクナブ【著】
平田光夫【訳】
大日本絵画

DREADNOUGHT BATTLESHIP

Dreadnought and Super Dreadnought (1906-16)

Owner's Workshop Manual

Author:Chris McNab
Japanese translated by Mituo HIRATA
Dainippon Kaiga

THE NATIONAL MUSEUM   ROYAL NAVY

JN175138

20世紀初頭に現れた画期的な単一巨砲搭載甲鉄戦艦たち その設計、建造、運用、戦歴から終焉まで

大日本絵画

在りし日の 戦艦HMSドレッドノート

▲竣工から間もない時期のイギリス海軍戦艦HMSドレッドノートの姿。上甲板から1段上がった船首楼甲板へ配されたA砲塔や、その後方、上甲板に設けられたP砲塔の様子などがよくわかる。ご覧の通り、前部マストは1番煙突の直後に配置されており、煤煙の影響を大きく受けることとなった。また、アクロバチックな短艇の搭載法から、単一巨砲搭載艦の欠点——艦上スペースが極端に限られる——がひしひしと伝わってくるようだ。（写真／NMRN）

【右ページ上写真】こちらも竣工から間もない時期のHMSドレッドノート。この時代としては三脚式の前部マストに比べて後部マストが小さいのが外観上の特徴とも言える（だいたい同じような高さと言うのが慣例）。第二煙突から後方へ向けて配されたX砲塔、Y砲塔に注意。後部マスト左右の箱状の構造物は仮設のもので、就役からしばらくして撤去されている（同様のものはイギリスに発注して建造された日本海軍の巡洋戦艦「金剛」の竣工時の写真にも見られる）。左方向にいる外輪式曳き船が時代を感じさせる。（写真／NMRN）

【右ページ下図面】HMSドレッドノートの竣工時の艦内の側面図、並びに上面図（P.4からの甲板配置を併せて参照）。単一巨砲搭載艦としての試行錯誤の昇華といえ、その結果、前後方向に6門指向でき、片舷斉射数は8門という火力を発揮することとなった。図でやや赤く着色されているのがいわゆるバイタルパートに該当する部分。（写真／NMRN）

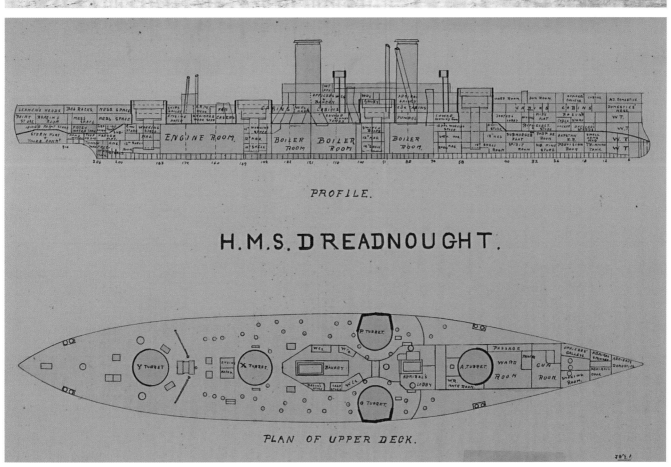

PROFILE.

H.M.S. DREADNOUGHT.

PLAN OF UPPER DECK.

戦艦ドレッドノートの甲板配置

20世紀初頭に初の単一巨砲搭載戦艦として登場し、世界各国の海軍関係者を驚愕させたHMSドレッドノート。その姿をよりよく理解するためにまずはその甲板配置を見ておきたい。

ドレッドノートには最下層の船艙から短艇甲板まで、8層の甲板があった。4基の主砲塔が配置された上甲板が6階、船首楼甲板が7階である。

背負い式砲塔が採用されるまでのド級戦艦に共通する悩みが、主砲の前方斉射門数や片舷斉射門数を追い求めるあまり、自艦の運用（しかも戦闘に要するよりもはるかに占める時間的割合が高い）に影響を与える上部構造物の規模や、短艇の搭載位置が大きく制限さ

れるということだった。ここに掲げる図面を見るとそれらの様子がよくわかる。

中甲板や下甲板の両舷側部は燃料庫である石炭庫になっており、持ち前の装甲にプラスした防弾装置となっている。また、魚雷発射管を艦内に配置していたことも大きな特徴だった。

（P.38からの第2章と併せて参照されたい）

【7】船首楼甲板（フライングデッキ）

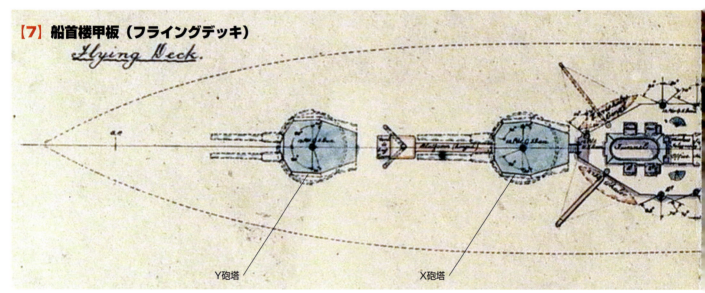

Y砲塔　X砲塔

【6】上甲板（アッパーデッキ）

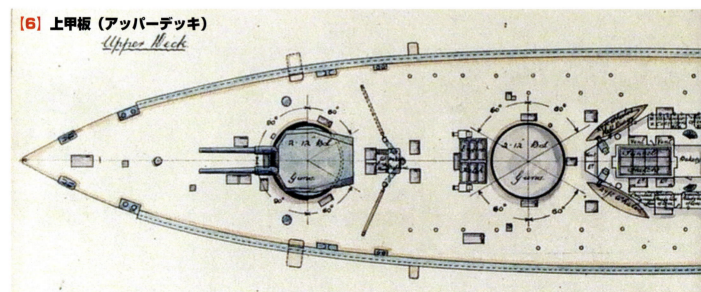

Boat Deck 【8】短艇甲板（ボートデッキ）

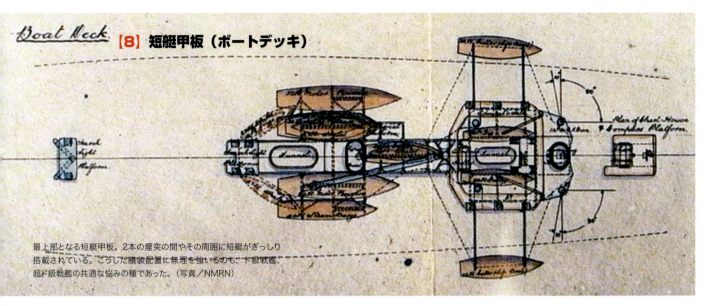

最上部となる短艇甲板。2本の煙突の間やその周囲に短艇がぎっしり搭載されている。こうした艤装配置に無理を強いるのも、ド級戦艦、超ド級戦艦の共通な悩みの種であった。（写真／NMRN）

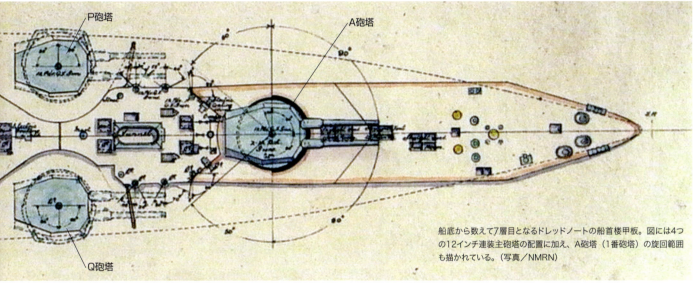

P砲塔

A砲塔

Q砲塔

船底から数えて7層目となるドレッドノートの船首楼甲板。図には4つの12インチ連装主砲塔の配置に加え、A砲塔（1番砲塔）の旋回範囲も描かれている。（写真／NMRN）

ドレッドノートの上甲板の平面図。本甲板の前方の大部分は、長官付き従僕厨宰の寝室を含む士官居住区が占めている。（写真／NMRN）

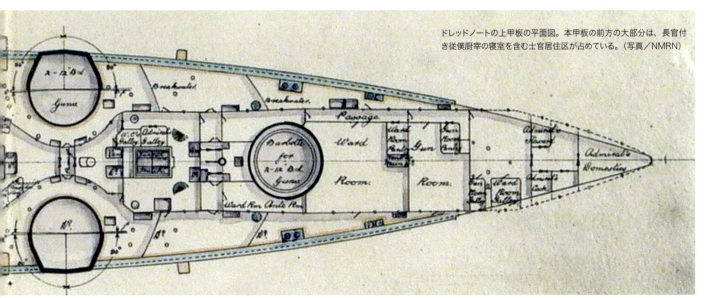

【5】 主甲板（メインデッキ）

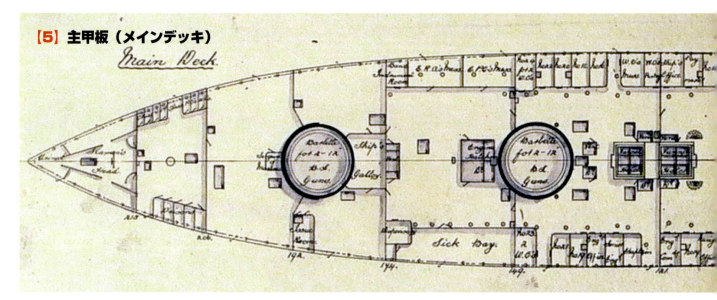

Main Deck.

【4】 中甲板（ミドルデッキ）

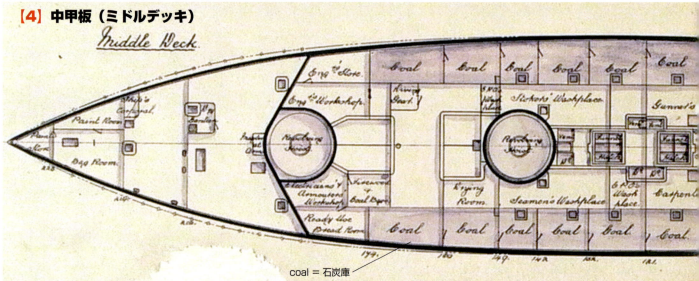

Middle Deck.

coal ＝ 石炭庫

【3】 下甲板（ロワーデッキ）

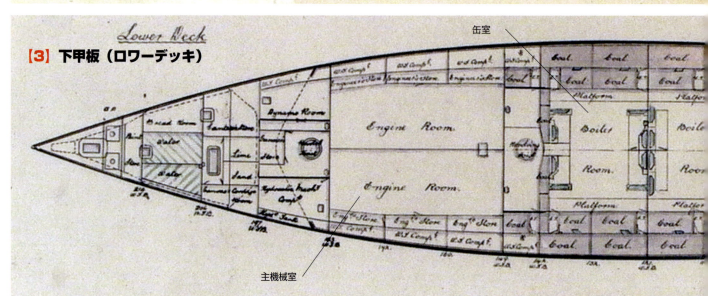

Lower Deck.

缶室

主機械室

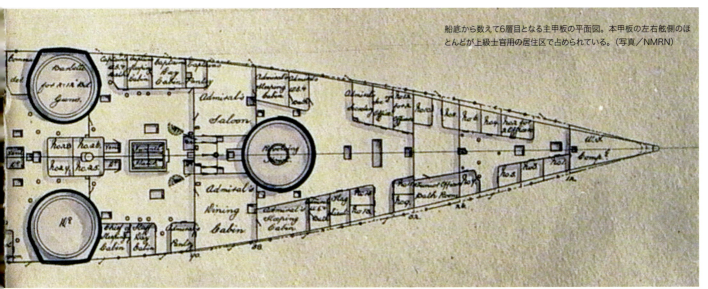

船底から数えて6層目となる主甲板の平面図。本甲板の左右舷側のほとんどが上級士官用の居住区で占められている。（写真／NMRN）

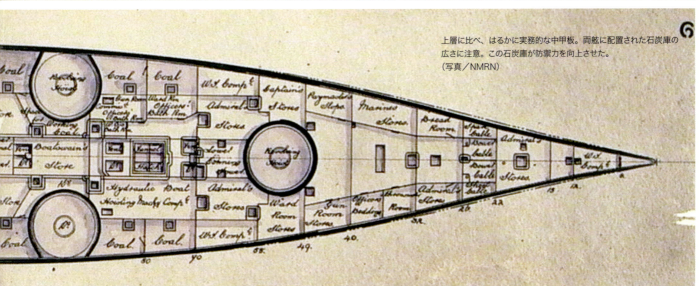

上層に比べ、はるかに実務的な中甲板。両舷に配置された石炭庫の広さに注意。この石炭庫が防禦力を向上させた。（写真／NMRN）

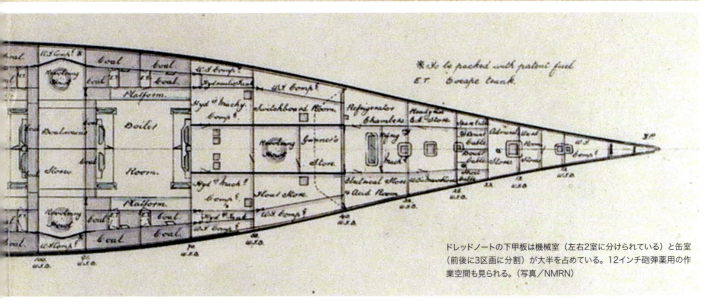

ドレッドノートの下甲板は機械室（左右2室に分けられている）と缶室（前後に3区画に分割）が大半を占めている。12インチ砲弾薬用の作業空間も見られる。（写真／NMRN）

【2】 最下甲板（ロワーデッキ）

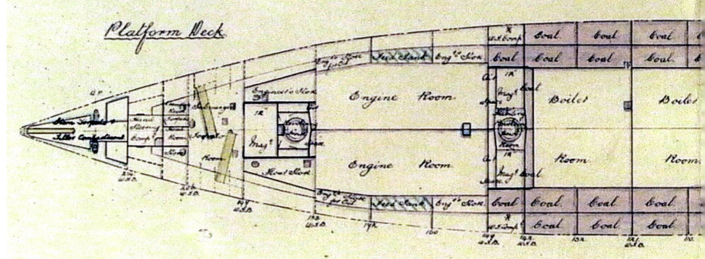

【1】 船艙（ホールド）

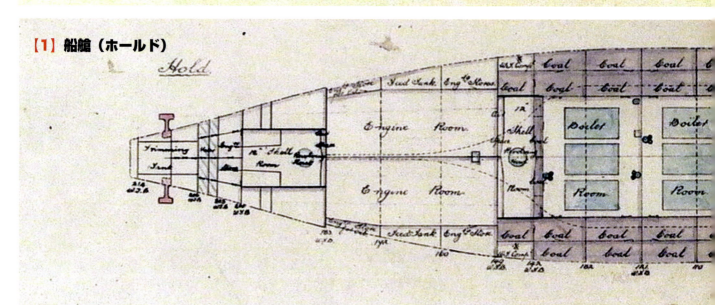

　ドレッドノートの最下甲板の艦首部と艦尾部にはそれぞれ舷側方向を向いた水中式魚雷発射管が搭載されていた。上掲【2】の最下甲板（ロワーデッキ）にその様子が黄色く図示されている（艦尾の1基にも注意）。主砲が大口径化する一方、効果的な射撃指揮装置がないこの時代の戦艦に共通の装備と言えたが、この発射管装備区画に進水があった場合、大きく浮力を失う恐れもあった（第一次世界大戦のユトランド沖海戦におけるドイツ戦艦リュッツオウの例など）。なお、魚雷発射管を水面下に搭載するのは駆逐艦や水雷艇よりも戦艦の乾舷が高く、上甲板などから海面に投入し

た際に魚雷が破損しないようにするための配慮（昔はこれでよく壊れた）。
　ドレッドノートの機関はパーソンズ式の蒸気タービンであり、主砲配置だけでなくこうした先進的な機構を採用したことも本艦が革新的存在と評されるゆえんである。なお、主機械室と缶室は船艙から下甲板天井（中甲板の床）までの高さを占める大きな区画だった。

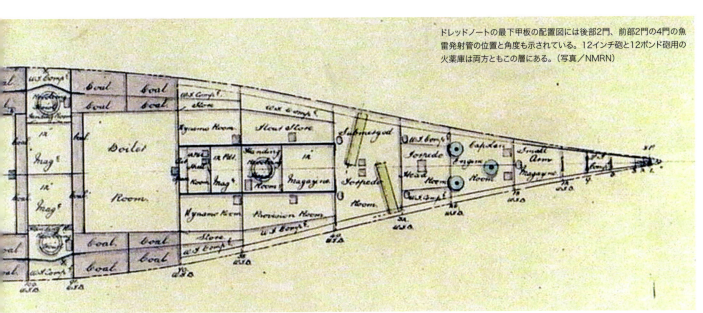

ドレッドノートの最下甲板の配置図には後部2門、前部2門の4門の魚雷発射管の位置と角度も示されている。12インチ砲と12ポンド砲用の火薬庫は両方ともこの層にある。(写真／NMRN)

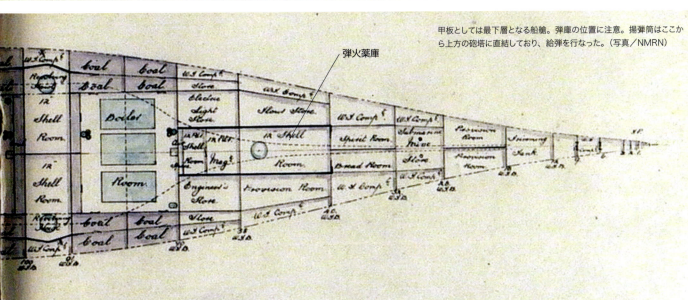

弾火薬庫

甲板としては最下層となる船艙。弾庫の位置に注意。揚弾筒はここから上方の砲塔に直結しており、給弾を行なった。(写真／NMRN)

ドレッドノートの乗員数 The ship's complement

　HMSドレッドノートの乗員の数は時期により大きく変化しており、最も少ない1907年の700名弱から、最も多い第一次世界大戦末期の800名強までと幅があった。

　1907年の試験航海時の乗員数は692名と記録されており、このうち69名が海兵隊員だった。3年後の1910年1月の乗員数は733名(うち海兵隊員70名)に、さらに同年4月には798名(海兵隊員83名)にまで増加した。

　乗員数がピークに達したのは1918年9月で、合計830名だった。

　全乗員のうち、約38%が水兵で、5%が若水兵、6%が士官で、12%が海兵隊員だった。これ以外に28%もの人員が機関員となっていたことから、この艦を運用し、作戦可能状態に維持するのにどれだけの量の技術的作業が必要だったのかがわかる〔訳註：ドレッドノートに限らず、この時代の水上艦艇の多くは石炭炊きの缶を搭載していたから機関科の兵員が多いのはごくごく必然的なことであった〕。

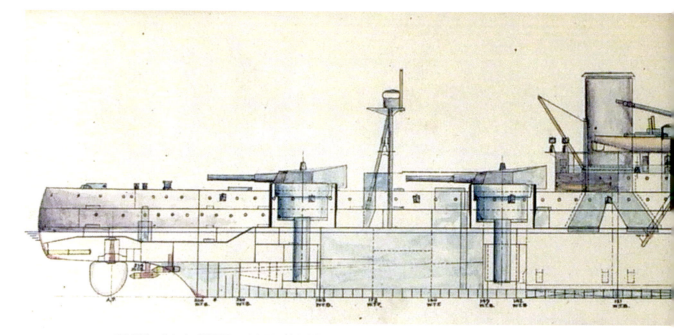

▲HMSドレッドノートの側断面図。これを見れば各主砲塔の揚弾薬機がほぼ船底まで伸びていることがわかる。図に記入された水線の高さに注意。弾庫と火薬庫は海面下に位置していた。（写真／NMRN）

ドレッドノートとアイアン・デュークの側面図

ドレッドノートの登場からわずか5年にしてド級戦艦は恐竜的進化を遂げ超ド級戦艦へ発展し、アイアン・デューク級の出現となった。
ここで両艦の側面内部図を比較してみよう。

▼ドレッドノートの竣工から5年経った1912〜13年に進水したHMSアイアン・デュークの竣工図。アイアン・デューク級では主砲が背負い式の中央首尾線配置となった。副砲は従来のド級戦艦の10.2cm速射砲から15.2cm砲に強化されていたが、これは敵駆逐艦、軽巡洋艦、高速水雷艇などの脅威が増大して、副砲の役割が増したからだ。しかしそれはまた、ド級戦艦における「単一巨砲搭載」思想が根本的に終わったことも意味していた。（写真／National Maritime Museum）

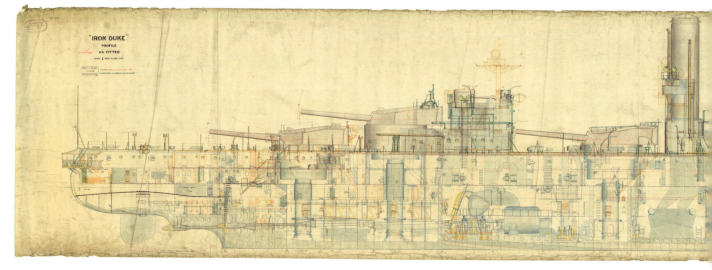

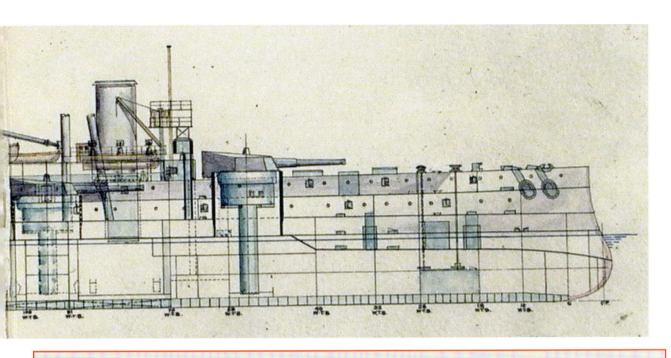

ドレッドノート歴代艦長
HMS DREADNOUGHT CAPTAINS (INCLUDING KNOWN DATES OF APPOINTMENT)

ここにHMSドレッドノートの歴代艦長の官姓名と、判明している限りの在任期間を示す。

〔訳註：3代目のチャールズ・バートローム大佐と4代目のA・ゴードン・H・W・ムーア大佐の任期に重複が見られるが、原書のままとした〕

レジナルド・H・S・ベーコン大佐：	1906年7月2日～
チャールズ・E・マッデン大佐：	1907年8月12日～1908年12月1日
チャールズ・バートローム大佐：	1908年12月1日～1909年2月24日
A・ゴードン・H・W・ムーア大佐：	1908年12月1日～1909年7月30日
ハーバート・W・リッチモンド大佐：	1909年7月30日～1911年4月4日
シドニー・R・フリーマントル大佐：	1911年3月28日～1912年12月17日
ウィルモート・S・ニコルソン大佐：	1912年12月17日～1914年7月1日
ウィリアム・J・S・オルダーソン大佐：	1914年7月1日～1916年7月19日
ジョン・W・L・マクリントック大佐：	1916年7月19日～1916年12月1日
アーサー・C・S・H・デイス大佐：	1916年12月1日～
トーマス・E・ウォードル大佐：	1918年1月～1918年4月20日
モーリス・S・フィッツモーリス大佐：	1918年4月20日～1918年10月5日
ロバート・H・コッピンガー大佐：	1919年2月25日～1920年3月31日

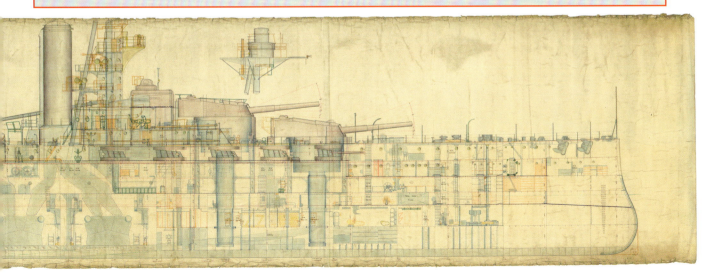

セント・ヴィンセント級の甲板配置

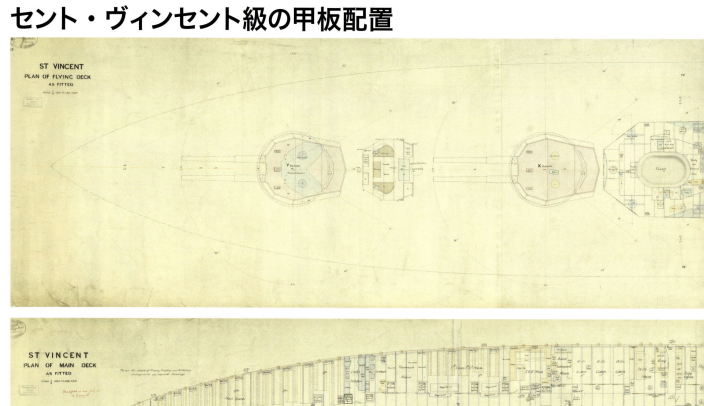

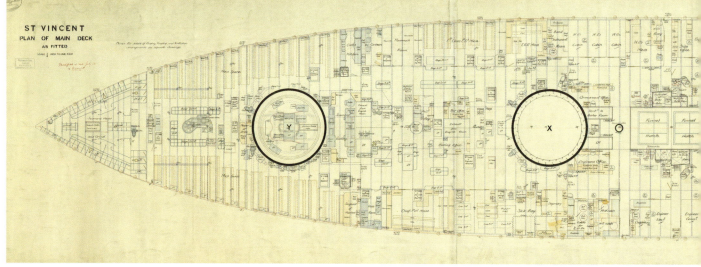

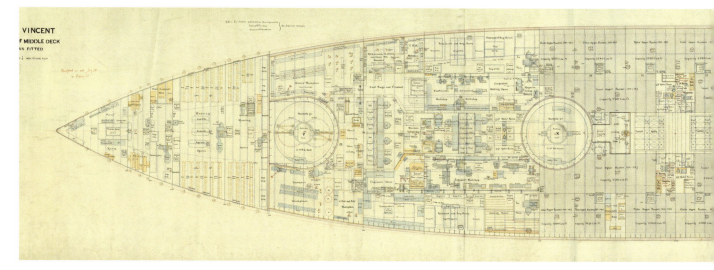

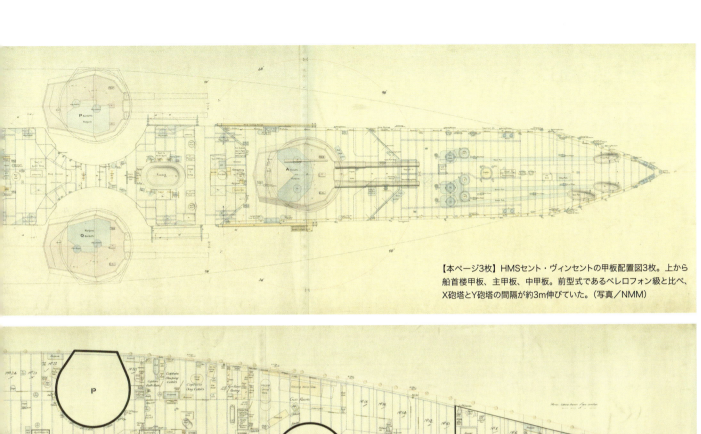

【本ページ3枚】HMSセント・ヴィンセントの甲板配置図3枚。上から船首楼甲板、主甲板、中甲板。前型式であるベレロフォン級と比べ、X砲塔とY砲塔の間隔が約3m伸びていた。（写真／NMM）

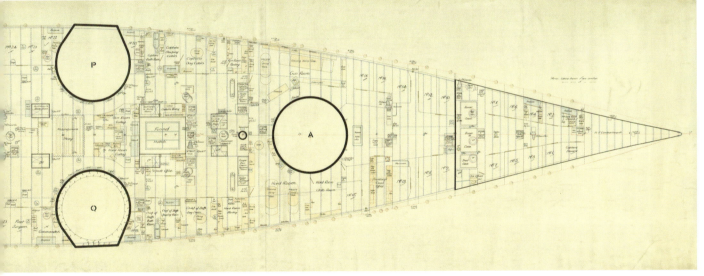

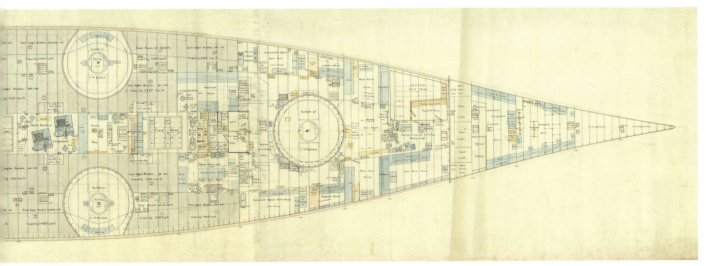

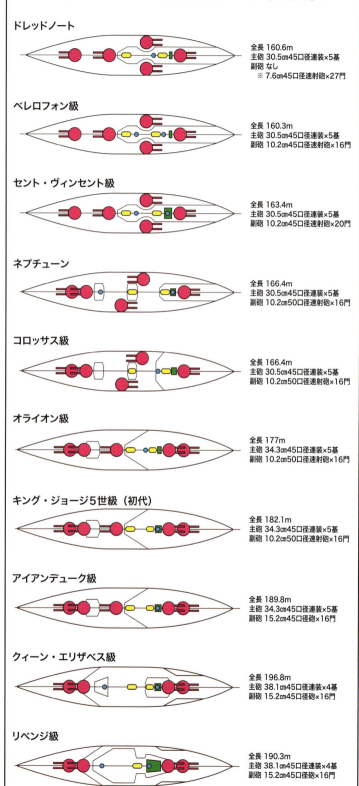

イギリスのド級戦艦の甲板配置

ドレッドノート

全長 160.6m
主砲 30.5cm45口径連装×5基
副砲 なし
　※7.6cm45口径速射砲×27門

ベレロフォン級

全長 160.3m
主砲 30.5cm45口径連装×5基
副砲 10.2cm45口径速射砲×16門

セント・ヴィンセント級

全長 163.4m
主砲 30.5cm45口径連装×5基
副砲 10.2cm45口径速射砲×20門

ネプチューン

全長 166.4m
主砲 30.5cm45口径連装×5基
副砲 10.2cm50口径速射砲×16門

コロッサス級

全長 166.4m
主砲 30.5cm45口径連装×5基
副砲 10.2cm50口径速射砲×16門

オライオン級

全長 177m
主砲 34.3cm45口径連装×5基
副砲 10.2cm50口径速射砲×16門

キング・ジョージ5世級（初代）

全長 182.1m
主砲 34.3cm45口径連装×5基
副砲 10.2cm50口径速射砲×16門

アイアンデューク級

全長 189.8m
主砲 34.3cm45口径連装×5基
副砲 15.2cm45口径砲×16門

クィーン・エリザベス級

全長 196.8m
主砲 38.1cm45口径連装×4基
副砲 15.2cm45口径砲×16門

リベンジ級

全長 190.3m
主砲 38.1cm45口径連装×4基
副砲 15.2cm45口径砲×16門

戦艦ドレッドノート
艦内透視図

イラスト／アレックス・パン

　左はドレッドノートからリベンジ級に至るまでのド級戦艦、超ド級戦艦の甲板配置を表した、邦訳版オリジナル資料である。本文と併せてご覧いただくことにより、主砲搭載法やマストの装備位置などの変遷を視覚的にご理解いただけるはずだ。とくに「単一巨砲搭載」が条件であったド級戦艦でありながら、2番目のベレロフォン級ですでに副砲が復活しているのが興味深い。

　見開きのイラストはカバーを飾ったアレックス・パン氏の透視図で、ドレッドノートの構造を立体的に伝えるものである。画期的な主砲配置や蒸気タービン機関の搭載法などもおわかりいただけることだろう。

【凡例】

🔴 主砲
🟩 艦橋
🟡 煙突
🔵 マスト

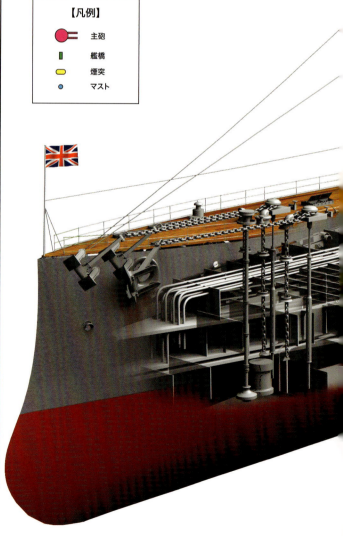

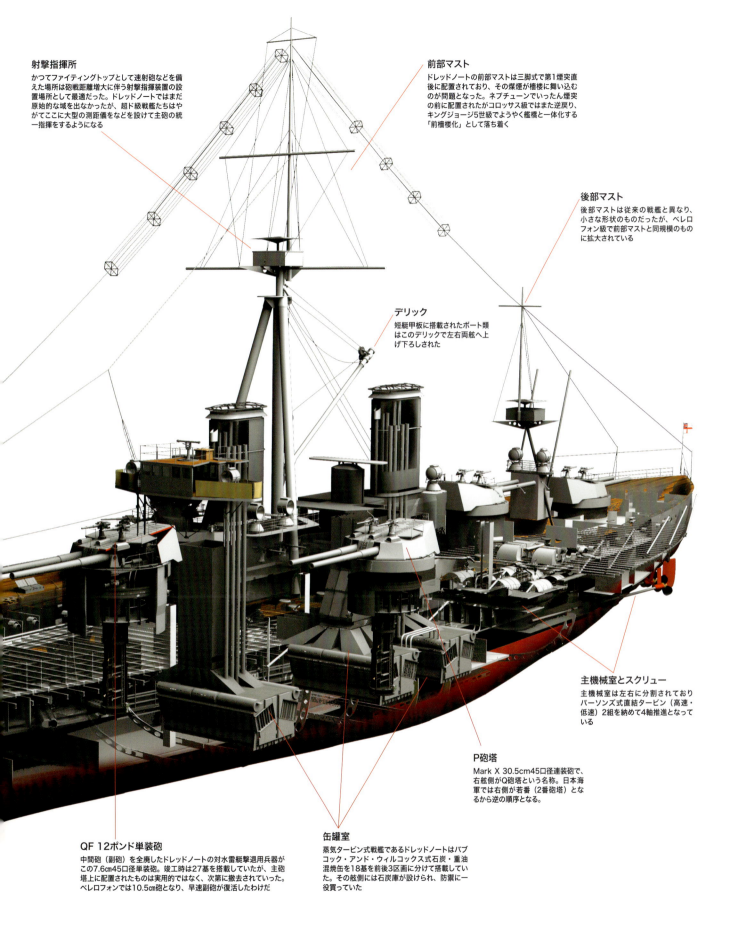

射撃指揮所
かつてファイティングトップとして速射砲などを備えた場所は砲戦距離増大に伴う射撃指揮装置の設置場所として最適だった。ドレッドノートではまだ原始的な域を出なかったが、超ド級戦艦たちはやがてここに大型の測距儀などを設けて主砲の統一指揮をするようになる

前部マスト
ドレッドノートの前部マストは三脚式で第1煙突直後に配置されており、その煤煙が檣楼に舞い込むのが問題となった。ネプチューンでいったん煙突の前に配置されたがコロッサス級ではまた逆戻り、キングジョージ5世級でようやく艦橋と一体化する「前檣楼化」として落ち着く

後部マスト
後部マストは従来の戦艦と異なり、小さな形状のものだったが、ベレロフォン級で前部マストと同規模のものに拡大されている

デリック
短艇甲板に搭載されたボート類はこのデリックで左右両舷へ上げ下ろしされた

主機械室とスクリュー
主機械室は左右に分割されておりパーソンズ式直結タービン（高速・低速）2組を納めて4軸推進となっている

P砲塔
Mark X 30.5cm45口径連装砲で、右舷側がQ砲塔という名称。日本海軍では右側が若番（2番砲塔）となるから逆の順序となる。

QF 12ポンド単装砲
中間砲（副砲）を全廃したドレッドノートの対水雷艇撃退用兵器がこの7.6cm45口径単装砲。竣工時は27基を搭載していたが、主砲塔上に配置されたものは実用的ではなく、次第に撤去されていった。ベレロフォンでは10.5cm砲となり、早速副砲が復活したわけだ

缶罐室
蒸気タービン式戦艦であるドレッドノートはバブコック・アンド・ウィルコックス式石炭・重油混焼缶を18基を前後3区画に分けて搭載していた。その舷側には石炭庫が設けられ、防禦に一役買っていた

はじめに

1906年、「単一巨砲搭載艦」という新しい、画期的な概念により建造された戦艦HMSドレッドノートがイギリス海軍に就役したことは、全世界の関係者たちに大きな衝撃を与えた。動力に蒸気タービンを採用し、12インチ砲10門を5基の連装動力砲塔に納めた重装甲の本艦に匹敵するものは、当時、どの大洋上にも存在しなかったからであり、それ以前の概念で建造された戦艦はすべて時代遅れとなったからである。

この"ドレッドノート・ショック"によって熾烈な国際的建艦競争に火が点くと、列強諸国はその設計を模倣、凌駕しようと試み、現代我々が「ド級戦艦」と呼ぶ艦たちが生み出された。その後30年間、ドイツ、アメリカ、日本、ロシアをはじめとする国々は独自の単一巨砲搭載艦の建造にしのぎを削り、ド級戦艦とその後継である「超ド級戦艦」が大洋の支配者となっていった。

ド級戦艦と超ド級戦艦が本格的な戦闘を経験したのは第一次世界大戦だった。特に1916年5月、北海でイギリス海軍とカイザーのドイツ帝国海軍が対決した史上最大の海戦"ユトランド沖海戦"ではド級戦艦同士の死闘が繰り広げられた。

本書はイギリス海軍国立博物館の全面協力を受けた著者が、これらの驚異的戦艦たちの設計、運用法、戦史について詳細に解説することを試みるものである。

また、この偉大な戦艦全盛時代を記念する活動の一環として、ベルファストにおけるイギリス軽巡洋艦HMSキャロライン——現在となっては、唯一のユトランド沖海戦の生き証人——の復元作業についても1章を設けている。

なお、本書の執筆、制作においては以下の人々に御助力、御支援をいただいた。

HMSキャロライン復元チームのジョナサン・ポーターとビリー・ヒューズはインタビューに応じ、艦内案内をしていただいた。ジェフ・メイトムにはHMSキャロラインの写真を多数提供していただいた。イギリス海軍国立博物館のスティーヴン・コートニーとヘザー・ジョンソンには貴重な公文書資料と写真の発掘を手伝っていただいた。バウチャー社のミシェル・ティリングには原稿編集で、ヘインズ出版のジョナサン・ファルコナーには執筆および制作作業で絶えず手助けをしていただいた。

この場を借りて感謝申し上げる次第である。

クリス・マクナブ

日本語版訳者並びに編者より

本書は20世紀初頭に登場し、恐竜的進化をもって海洋の王者に登り詰め、わずかに半世紀で絶滅した、ドレッドノートを始祖とするド級戦艦と超ド級戦艦を大系的に解説するものである。日本語版の製作に当たっては極力原書のニュアンスを残すとともに、必要な点については〔訳註：〜〜〜〕として捕捉を心がけた。

なお、我が国においてDreadnoughts、あるいはDreadnought classは「ド級戦艦」、あるいは石弓を表す漢字を当てて「弩級戦艦」と表記されてきた。本書のタイトルには「弩級」「超弩級」という表記で示したが、本文中では読みやすさを考慮して「ド級」「超ド級」とカタカナ混じりの表記に統一した。

また、イギリス海軍では艦名の頭に"HMS"という艦船接頭辞を付けるのが慣例となっている。これはHis Majesty's Ship「国王陛下の船」、あるいはHer Majesty's Ship「女王陛下の船」の略であり、それだけでその艦艇がイギリス海軍所属であることを明示している。アメリカ海軍におけるUSS＝United States Shipも同じようなものだが、日本海軍には同様な概念のものはない（しいていえば軍艦大和、軍艦利根など、「軍艦」となるが、「艦艇類別等級」において軍艦に類別される艦種以外には使えず、艦船接頭辞と言うには不適当だ）。本書では原書に応じて適宜表記したが、HMSだけではその船の艦種がわかりづらいため、戦艦、巡洋戦艦などの表記を追加している。

目次
Contents

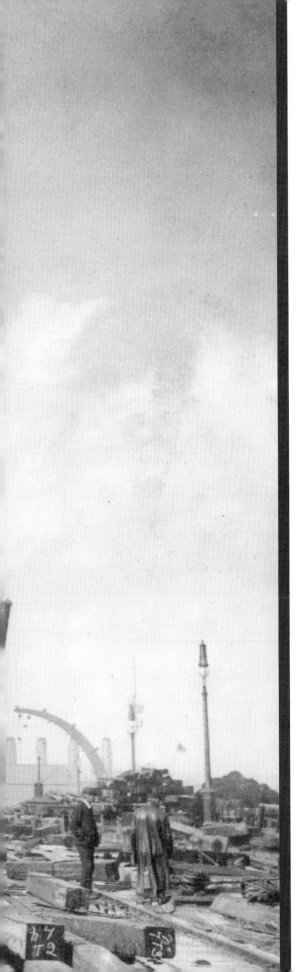

第1章

ド級戦艦と超ド級戦艦 ─その起源と進化

Dreadnoughts and super dreadnoughts — origins and evolution

1906年のイギリス海軍戦艦HMSドレッドノートの進水と就役は全世界の海軍に大きな衝撃を与えた。この画期的な新型艦は瞬時に新基準の海軍力の頂点を占めると同時に、間違いなく本艦以外のすべての「戦艦」を時代遅れにし、激しい国際建艦競争に火を点けたのだった。

◀1906年、船渠内におけるHMSドレッドノート。ドレッドノートの総建造費は178万3,883ポンドで、1906～7年当時としては途方もない金額だった。(写真／英海軍国立博物館。以下、NMRNと表記)

▶アメリカ海軍戦艦USSテキサス（1892年の初代）はアメリカで初めて就役した戦艦で、典型的な前ド級戦艦だった。（写真／米国議会図書館。以下、LOCと略）

19世紀から20世紀への変わり目に、世界の大洋を支配していたのはイギリス海軍だった。例えば1901年から1904年にかけてイギリス海軍はその最精鋭として45隻もの大型戦艦を運用中で、3隻が予備役にあった。この戦力だけでもイギリスの大砲と鋼鉄の力の生きた証しだった。さらにイギリスの工業力も絶頂期にあり、その造船所から進水する艦船数は他国の追随をまったく許さなかった。1904年だけで見てもヨーロッパで起工、進水または竣工した軍艦は、ドイツが24隻、フランスが17隻、ロシアが22隻だった一方で、イギリスは39隻という驚くべき数でその戦力を増強していた。

とはいえ時代は変わりつつあった。水上戦闘に関する新たな知識、そして近年得られた戦訓により、先進的な人々は海戦における"戦艦"という最大の手段に劇的な変化をもたらそうと模索していた。伝統を誇る英国王立海軍では、その結果全世界に激震をもたらすこととなる変革が進行しつつあった。

それまでの戦艦
The battleship arena

20世紀初頭、海軍力の頂点を占めていたのは戦艦だった。戦艦は19世紀中盤に主流だった無施条砲を装備した木製機帆船から、砲塔式の施条（ライフリング）付き後装砲を搭載し、強力な蒸気機関で推進される鉄製船へと進化していた。こうした海獣の代表例がイギリスに3隻あったフォーミダブル級戦艦の1隻、イレジスティブルだった。1898年4月に起工され、1902年2月に竣工したHMSイレジスティブルは全長131.6m、排水量1万5,000トンだった。20基のベルヴィール式水管ボイラーが2基の三気筒三段膨張垂直機関を駆動し、併設された石炭庫には900から2,200トンの石炭が収められていた。最大速力は18ノット（約33.3km/h）だった。同艦は比較的強力な装甲を備え、主甲板の最脆弱部は25mmだったものの、隔壁やバーベットの装甲厚は最大305mmだった。

ここで我々が注目すべきは、その兵装である。ドレッドノート以前に建造された戦艦、いわゆる「前ド級戦艦」と分類されるものの搭載兵装は意図的に多様化されており、大は長射程の12インチ〔30.5cm〕砲（13インチのことすらあった）から、小は接近戦用の甲板砲まで、軍艦設計者はあらゆる戦術的状況を網羅していた。こうしてイレジスティブルは艦首尾2基の連装砲塔に収められたアームストロング・ホイットワース製40口径12インチ主砲4門に加え、6インチ〔15.2cm〕速射砲12門、12ポンド速射砲16門、3ポンド砲6門、18インチ〔45.7cm〕魚雷発射管4門、さらに機銃2門を搭載していた。

前ド級戦艦が兵装を混載していたのは、各砲の信頼性の低さよりも射撃指揮能力の不足によるものが大き

▼1892年就役のイギリス海軍の前ド級戦艦HMSイレジスティブルはフォーミダブル級の1艦で、12インチ、6インチ、12ポンド、3ポンド砲を搭載していた。

かった。遠距離での水上射撃法はまだ発展途上で、最大口径の砲の射程が1万3,700m前後もあったにもかかわらず、射撃指揮能力が足かせになり通常の最大交戦距離はわずか1,800m程度だった。そのため軽砲の砲座を多数揃えて手数を多くしておくことが、戦闘が急速に近距離戦に進展した場合に対する有効な安全策だった。巨砲が近距離目標に対して鈍重で効果が低い以上、発射速度の高い速射砲の弾量で目標を圧倒しようという考えが生まれた。軽砲ならば小型の高速目標に対しても素早く対応できた。

だが、もちろんこれは正確な照準と砲弾威力の問題が解決されていればの話だった。事実、これについて活発な議論が起こったが、論争を回避しリスクを分散する唯一の解決法は各論を取り込むことだった。

単一巨砲搭載戦艦
The all-big-gun battleship

ドレッドノート開発の初期段階を主導していたのが近代イギリス海軍の大物のひとり、ジョン・フィッシャー（1841～1920）だった。20世紀の初年、彼の海軍歴は驚くべきことにすでに46年に達していた（1854年に13歳で入隊）。フィッシャーは1904年に第一海軍卿に任命され、1910年までこれを務めた。その在任期間中、彼の管理職および組織人としての見識、そして海軍砲術に関する深い技術的知識と洞察力が、画期的な軍艦の設計につながったのだった。

フィッシャーは第一海軍卿に就任すると、すでに沸騰していた「海軍主力艦にとり最高の設計は何か？」という議論に加わった。基本的にこの議論では二つの論点が中心だった。"速力"と"砲力"である。

速力の戦術的価値については「速力は相対的な問題であり、敵艦の速力が味方艦と同等ならばまったく重要ではない」と主張する者もいた。しかし戦術的教訓、特に日露戦争のものは「速力は射撃に優位な位置への占位運動時と、危険回避時の両方で重要である」ことを示していた。19世紀初頭の実用化以来、進歩し続けていた舶用蒸気機関は着実に速力を向上させつつあった。新方式の機関も各種導入されたが、そのひとつがのちに解説する蒸気タービンで、これが初めて搭載されたのは1894年の蒸気船タービニアだった。

従来のレシプロ式に比べ、タービン式にはさまざまな長所があった。全体的に機械的な構造が単純で、そのため信頼性が高く、また運転時の汚れも少なかった。これらの特質は製造時と運用時の費用も全般的に安価なことを意味し、しかも同出力のレシプロ式機関よりも小型軽量だった。こうした要素は軍艦設計における

◀ジョン・アーバスノット・「ジャッキー」・フィッシャー提督。彼の携わったドレッドノートの設計思想は20世紀初頭における列強海軍の戦力均衡を一変させた。

大きな利点で、艦内に占める機関体積を抑えられるだけでなく（そこで得られた空間はさまざまな目的に転用可能となる）、さらに全高が低いので水線下に設置でき、海面と装甲帯による防御が可能になった。またタービン機関は高速域での燃費も優れ、タービン推進艦は戦闘作戦時に優れた持久力を発揮できた。

20世紀初頭のタービン技術はまだごく初歩的なものだったが、さまざまな問題も提起した。その最たるものが、タービンが最高の性能特性を発揮するのは高速運転時であるということだった。巡航速度や低出力での航行時は実のところ効率は悪く、艦に操縦性の問

▼1894年8月2日に進水したタービニアは世界初の蒸気タービン推進船で、イギリス海軍向けの技術実証船として建造された。タービニアはプロペラのキャビテーションなどのタービン技術に伴う諸問題も提起した。

題が発生することもあった。

さらに1906年以前に英海軍でタービン機関を採用していた艦はごく少数で、それも主に駆逐艦だったため、大型戦艦とは評価すべき性能要件が異なっていた。そのため本質的にタービンは主力艦では実証されていなかった。また艦に施された装甲厚の差も速力に影響した。装甲重量が増せば速力は低下し、軽量になれば高速になった。両者の適正バランスが多くの軍事科学論文や討論会で議論された。

しかし、海軍内でより注目されていたのは砲術面での問題──兵装の構成と種類、そして射撃指揮法だった。先述したとおり、20世紀初頭の戦艦には各種の兵装が混載されており、12インチ砲4門という主砲と、6インチ砲12門という副砲がその兵装の中核だった。だが、1906年のドレッドノート進水により、12インチ砲を10門搭載する「単一巨砲搭載」思想への転換が実現した。ただしこれは副砲の廃止を意味するものではなく、事実、ドレッドノートは主砲以外にも多数の砲を装備していた。とはいえ、その副砲の射程と火力は従来の艦よりも低下していた。こうして敵艦を撃滅するという主任務を担うのは巨砲のみとなった。

では何がフィッシャーとその賛同者たちをこの新思想へと駆り立てたのだろうか?

この変化の背景には基本的に三つの要素への考慮があった。脅威、射撃指揮、実績である。まず脅威については、フィッシャーは魚雷攻撃の実効性について関心を深めつつあった。19世紀の初歩的な魚雷は極めて射程が短かったが、1904年になると海軍上層部には有効射程が2,700m前後まで増加したという報告書が提出されるようになっていた。翌年になると射程は約4,100mにまで伸びた。当時の魚雷は精度が低かったものの、複数を「開進」発射することで命中率を向上できた。日露戦争（1904〜5年）では戦艦1隻、巡洋艦2隻、駆逐艦2隻が魚雷により撃沈されていた。

▼ロシアの前ド級戦艦ナヴァリン。1891年10月20日に進水した本艦は、日露戦争における1905年5月の日本海海戦で魚雷攻撃を受けて沈没した。

フィッシャーが得た戦訓は明快だった。いずれ魚雷の射程が火砲のそれを上回るのならば、主力艦は遠距離から目標を正確に撃破する能力を備えなければならない。この役割を果たすのが巨砲だった。

ここで重要になるのが射撃の「精度」であり、そこに問題があった。先述したとおり、1890年頃の艦載砲の最大有効射程は1,800m程度だった。しかし、1898年からイギリス地中海艦隊は長距離砲撃試験を開始し、砲戦距離を増大させるための新たな方法を実験していた。観測員が砲弾の落下位置を確認し、砲員に目標への仰角と旋回角の修正値を知らせる「弾着観測」に、より技術的に進歩した測距儀を組み合わせることで有効射程を伸ばしたのである（射撃技術の詳細については第3章で解説する）。訓練と技術の進歩により砲戦開始距離は着実に延伸し、1904年には9,100mも不可能ではないと考えられるようになったが、有効射程は7,300 m強に留まっていた。

こうした結果を念頭に、射程の短い副砲の存在意義に対する疑問が一気に高まった。フィッシャーや、1902年から海軍造船局長を務め、大きな影響力のあったサー・フィリップ・ワッツなどの思想家は、遠距離砲戦を制する巨砲を兵装の中心に据えるべきだと考えるようになった。こうした論点を明確化するため、フィッシャーと同時代の偉人で、1905年から1908年まで海軍造兵局長を務めたジョン・ジェリコー伯爵（1859〜1935）の論文を引用したい。ドレッドノートの設計作業が進行中だった1906年に書かれた「戦艦設計に関する諸考察」で彼はこう述べている。

近年の長距離砲戦における期待命中率の向上が、巨砲の価値を著しく高めた最大の要因であり、これが「ドレッドノート」の設計を決定せしめた。あらゆる距離において射撃効果とは、一定時間内における命中弾数（命中の打撃力）と各命中弾の効力がもたらす結果である。[中略]

巨砲は弾道がより低進するため、長距離では中小口径砲よりも命中射が容易となり、口径が大きいほど各命中弾の効力も大きい。大口径砲は発射速度が中小口径砲よりも低い以上、その命中弾数は少ないと考えられるが、発射速度の低さ以上に優れた弾道の低進性が発射弾数に対して高い命中率をもたらすだけでなく、さらに中小口径砲は長距離においていかに最大限に発射速度を高めようにも、第一にこうした射撃を最低限でも有効とさせるためには射撃効果を観測しなければならず、第二に多数の中小口径砲を速射した際に生じる大量の発砲煙が射撃効果の観測を極めて困難とさせるため、結果として射撃速度は自ずと低下せざるをえない。

ジェリコー、「戦艦設計に関する諸考察」、1906

ジェリコーの考えは明快である。巨砲は合計命中弾数では中小口径砲に劣るだろうが、その低進する弾道（すなわち射撃修正が容易）により、発射弾数あたりの命中率は高くなるはずだというのである。しかも、巨砲弾の破壊力はまったく恐るべきものがある。必中の一撃であれ、まぐれ当たりであれ、たった1発の12インチ砲弾が1艦をまるごと葬り去ることもあった。観測員が敵艦の周囲に落下した砲弾の口径を水柱から判定することが難しいため、各砲台に修正指示を与えるのが困難になることもあったが、射撃する砲の口径が同一ならば、どの砲がどの弾丸を発射したのかは、それほど重要でなかった。

こうして魚雷の脅威に加え、砲煩兵装と射撃指揮技術の進歩という二つの要素が、新世代の戦艦とはどうあるべきかと考えるフィッシャー、ワッツ、ジェリコーやその賛同者たちの原動力となった。さらにそこには戦訓に由来した動機もあった。日露戦争という、砲塔式の戦艦や巡洋艦をはじめとする近代的な艦艇で編成された2個の近代的海軍の全面衝突を、西側の諸海軍はノートを手に観察していた。1905年5月27日に対馬沖で発生した壮大な海戦においてロシア側が被撃沈20隻、被鹵獲6隻という壊滅的な損害を出したことなど、海上戦闘における日本側の優位は、猛烈な訓練、賢明な弾薬選択、そして英国製のバー＆シュトラウドFA3型合致式測距儀の積極的導入など、彼らの先見的な取り組みによるものが大きかった。特に注目すべき

事実は、巨砲同士による交戦が約6,400mから開始されたことで、1,800mでの交戦がもはや過去のものとなったことを示していた。日露戦争では1万5,500mという超遠距離からの発砲例すらあった。

フィッシャーは諸外国も単一巨砲搭載戦艦が秘める優越性に目を向け始めていることをよく理解していた。19世紀末でさえ、イギリスの戦略家たちは英海軍の絶対的優位が不動のものではないことに気づき始めていた。まず競合国の数が増えていた。19世紀の大部分、イギリスの海軍力に対抗しうる国はフランスとロシアだけだったが、その最後の20年間にアメリカ、ドイツ、日本がこぞって巡洋艦と戦艦を中心とする艦隊を建設し始めた。ベンジャミン・トレーシー、

▲イギリス戦艦キング・エドワード7世は誕生のタイミングに恵まれなかったといえよう。この強力な前ド級戦艦は1905年に就役したが、ドレッドノートの竣工した翌年には時代遅れの存在となってしまった。本艦は1916年に触雷により沈没した。（写真／LOC）

▼上写真のキング・エドワード7世の左舷副砲、9.2インチ〔23.4cm〕後装砲の側面を拡大したもの。ドレッドノートはこの種の兵装の存在意義を問い直した。（写真／LOC）

▲イギリスのHMSコモンウェルス（写真）は前ド級戦艦キング・エドワード7世級の1隻であった。同級は小刻みに横揺れして航行することから「ヨロヨロ八隻組（ザ・ウォブリー・エイト）」と揶揄された。

決を目論んだ。フィッシャーは1903年にイタリア海軍の造船技官ヴィットリオ・クニベルティがジェーン海軍年鑑に寄稿した論文にも必ずや目を通していたに違いない。その論文の題名はずばり「イギリス海軍にとっての理想の戦艦」だった。その戦艦とは排水量1万7,000トン、12インチ砲12門を搭載し、装甲防御は最大305mm、最大速力は20ノットとされていた。フィッシャーにはこうした先見的な思想に左右されないだけの知見があったようだが、そうでない者も多かった。

各国が新たな優越性を追求する技術面での建艦競争が始まりつつあった。兵装を単一口径の巨砲に絞った戦艦という構想を抱いていたのはイギリスだけではなく、フィッシャーは期が熟しつつあるのに気づいていた。

ドレッドノートの出現
The dreadnought emerges

フィッシャーが戦艦設計の変革に乗り出したのは1903年頃だった。彼は単独で活動していたのではなく、"重砲を砲塔式に装備した重装甲のタービン推進式戦艦"という構想を研究していたサー・フィリップ・ワッツの影響をかなり受けていた。彼の理論探究には、海軍造船技官のジョン・ハーパー・ナーベスやヘンリー・デッドマン、フェアフィールド造船会社のアレキサンダー・グレイシー社長、ポーツマス海軍工廠のW・H・ガード主任造船技官、ベーコン、マッデン、

▼アルフレッド・セイヤー・マハンは海軍界の精力的な大立者で、大きな影響力をもっていた。「海上権力史論」などの彼の著作は事実上、全海軍士官の必読書だった。（写真／LOC）

次いでヒラリー・ハーバートといったアメリカ海軍長官たち、そして伝説の海軍戦略家アルフレッド・セイヤー・マハンなどの人物が主導するアメリカの取り組みを当初イギリスは見下していたが、大量の軍艦が着々と出現し始めると、その態度を改めるようになっていった。

ドイツが建艦を本格化させたのは1870～80年代で、当初は巡洋艦と水雷艇に重点を置いていたが、1883年から新型戦艦を次々に起工し始めた。1897年から1916年まで海軍大臣を務めたアルフレート・フォン・ティルピッツ提督のもと、ドイツ海軍は新たな建艦時代に突入し、外洋におけるイギリスとの本格的対

◀ドイツの旧式前ド級戦艦カイザー・バルバロッサは、カイザー・フリードリヒ3世級戦艦の1隻だった。15cm副砲の上に装備された24cm連装主砲塔に注意。（写真／LOC）

ジャクソンという3名の聡明な大佐といった人々が協力していた。議論は、特に搭載砲の構成と口径についてのものが活発だった。

1904年10月、フィッシャーは新戦艦の基本構想を2つの案に絞り込んだ。いずれも排水量は1万6,000トンで性能水準もほぼ同等だった。主要兵装は第1の案が10インチ砲16門、第2の案が12インチ砲8門だった。12インチ砲の第2案が有力になったが、今度は「何門の砲を艦のどこに、どのような形式で配置するか？」という悩ましい問題が持ち上がった。設計者たちは各舷方向と首尾線方向の両方の火力を満足させなければならなかった。この設計案選定作業は、1904年10月に設置された海軍の全職種からの錚々たる専門家からなる共同設計委員会という、志を同じくする新組織に任せられたのだった。

各設計案にはABCの名が振られ、委員会による評価が行なわれたが、最終的に1905年1月18日にH案が承認された。HMSドレッドノートと呼ばれることになるこの戦艦の基本要目を知れば、その後何が大洋上に出現しようとしていたのかが理解できるだろう。ドレッドノートは全長160.3m、全幅25.0mとされた。装甲厚は水線帯とバーベット周辺で279〜102mm、砲盾と司令塔が279mm、隔壁と信号塔が203mm、3層の甲板が44〜76mmだった。定員は675名。運動性能はタービン機関の発揮する2万3,000軸馬力により、

最大速力は21ノットだった。

兵装の決定という大詰めの段階を迎えると、本艦の主兵装は12インチ砲10門とされた。これらは以下の配置の連装砲塔に装備された。3基の砲塔が中心線上——1基が艦首、1基が艦尾、1基が船体中央部——に配置され、さらに中央部両舷に各1基が設けられた。舷側砲塔は首尾方向も射撃できたため、合計指向門数は前方が6門、各舷方向が8門、後方が6門となった。主砲以外にもドレッドノートは対水雷艇用の副砲として12ポンド砲18門を装備する一方、自艦による魚雷攻撃用に水線下に魚雷発射管5門を設けていた〔本艦の艦内配置についてはP.4からの記事を参照〕）。

こうして基本設計が確定し、委員会と海軍本部からの承認を受けると、あとは建造するだけとなったが、それには何よりも迅速さが不可欠だった。本艦の特徴と性能が世界各国の海軍に知れ渡れば、イギリスが建艦競争で圧倒的優位に立てなくなることを海軍本部は認識していたからである。トーマス・ミッチェル建艦部長、そして事実上昼夜兼行で作業を実施した最終的に3,000名に上った現場作業員らの目覚ましい努力により、この目標は達成された。その建造速度は、イギリスが当時世界一の造船国だったことを考慮しても、まったく驚嘆に値した。

ポーツマス海軍工廠での起工が1905年10月2日で、国王エドワード7世により進水式が執り行なわれたの

が1906年2月10日だった。9月29日には乗組員が乗艦し、続く2週間で試運転が実施され、12月1日〜2日に24時間の領収試験が行なわれた。12月11日にこの新造戦艦は本国艦隊特別部隊に編入され、定数どおりの員数が乗り組んだ。そして早くもその翌月にドレッドノートは3ヵ月間の試験航海に出航し、満を持して世界にその勇姿を現したのだった。

批判への対応
Countering criticisms

　急進的で従来とは異なる兵器システムには批判がつきものだが、ドレッドノートもその例外ではなく、世界的に賛否両論を呼んだようだった。この艦を軍艦設計における革命的な勝利──建艦競争でイギリス海軍

▶1906年、建造中のドレッドノートの船体。艦首がC字型に前方に湾曲しているのは艦首波を緩和するため。（写真／NMRN）

▶艦尾方向から見た建造中のドレッドノートの船体。
（写真／NMRN）

に圧倒的優位をもたらす存在——と考える者もいた。ドレッドノートやド級戦艦に関する書籍や論文には、本艦がそれ以外のあらゆる戦艦を時代遅れにしたと書かれているのが常である。我々はその意味を正確に捉える必要があるだろう。基本的にドレッドノート信奉者は、このような艦ならば敵艦がその砲や魚雷で攻撃する機会を得る前に、遠距離から途方もない弾量の12インチ砲で一方的に砲撃して効果的に敵艦を撃滅できると信じていた。またド級戦艦は外国の同規模の艦よりも高速なので迅速な作戦行動や展開が可能であり、さらに砲撃戦に耐えうる装甲を備えていると考えていた。

そうした信奉者たちとは正反対に、セイヤーなどのアメリカ人専門家は大口径砲の発射速度が低いためにドレッドノートは防御面が手薄となり、近距離にまで迫られて敵艦の速射可能な副砲によって圧倒されるだけだと主張した。海軍本部造船総監サー・ウィリアム・ヘンリー・ホワイトはドレッドノート進水の2日後の1906年2月12日に王立技芸協会で講演し、その真意を明らかにした。以下はタイムズ紙が彼の見解に対して報じたものである。

副砲を実質的に全廃するという発想は新しいものではまったくなく、長年議論の対象とされてきた。実のところ、これは4門の重砲の他にはごく小口径の砲しかなかった先代ドレッドノート〔1879年竣工の甲鉄艦、5代目ドレッドノート〕への復古的な動きなのである。問題は今や超遠距離砲撃戦が不可避である以上、装備するに値する砲は12インチ以外にないのかという点である。そうであれば、それ以外のすべての砲を無くすのは正当な流れであり、同時に弾薬補給を単純化できる利点もあるという。だが一方で、12イ

ンチのみが考慮に値する砲であるという説はまだ実証されていない。近年の戦争で威力を示したのは貫通力のみではなく、ロシア艦隊は日本艦隊の中小口径砲により壊乱に陥ったと結論されている。12インチ砲を10門備えた1艦は、12インチ砲4門搭載の旧式戦艦2隻ないし3隻に匹敵するという説も、やはり実証されていない。ドレッドノートの公表資料によれば、同艦は船首楼に12インチ砲を2門、船体後部に同砲を連装砲塔で2基搭載しているが、これでは前方に6門の砲を指向させる場合、4門は継続的に照準が不可能となる。またこれらの6門の砲の弾薬は比較的前後に短い区画内に集中格納しなければならない。氏にはドレッドノートに批判を呈する意思は見られなかったが、これまで同艦について公表された諸資料によれば前方火力と舷側火力の増強という面で同艦には重大な課題があるようであり、さらに副砲の廃止に対する反対論にも触れずじまいだった。

タイムズ紙、1906年2月13日付

これはドレッドノートに対する批判の氷山の一角にすぎなかった。他にも、高価すぎる、運動力が不足、信頼性が未証明、攻撃に脆弱などの意見があった。当時の一次資料を調査したところ、多数の海軍本部文書がこうした批判論に対してドレッドノートを擁護していた。表面的には海軍はその擁護で押され気味に見えたが、それは本艦の画期的設計が過小評価されることにより、競合諸国よりも建艦競争で優位に立つことを望んでいたからだった。しかし内部ではフィッシャーとその一派はまったく泰然としていたようだ。「極秘」と冠された「H.M.S.『ドレッドノート』および『インヴィンシブル』」と題された海軍本部委員会資料がその典型で、以下にこれを長文引用する。

◀進水後、艤装工事を進めるドレッドノート。12インチ砲を連装装備するY砲塔およびX砲塔の旋回機構に注意。
（写真／NMRN）

海軍本部側の反証 ― H.M.S.「ドレッドノート」および「インヴィンシブル」
ADMIRALTY DEFENCE　H.M. SHIPS 'DREADNOUGHT' AND 'INVINCIBLE'

これらの新型艦で最も激しく批判されているのは以下の要目である。

1. 単一の12インチ砲
2. 速力の増加
3. 要目1および2による船体規模と建造費の増加

1. 兵装について

海軍造兵局長および総監による各論文は、建艦および砲術上の観点から単一12インチ砲の導入に至った理由について述べ、現用で最大の砲を単一兵装として導入した海軍本部の方針が賢明だったことを証明している。また1905年の戦闘演習で艦隊が得た平均結果に基づく非常に説得力に富む論拠も示している。下表は同演習で得られた6インチ、9.2インチ、12インチ連装砲の発射速度と命中精度の平均値で、10分間に敵艦（と同寸の戦闘演習用標的）に命中した砲弾のポンド重量を示したものである。

この5,500mをわずかに下回る距離において、12インチ砲が大幅に優れているのがわかる。また想定平均交戦距離の減少に比例し、中小口径砲の弾量比は向上すると考えられる。

2. 速力の増加について

戦略面において速力が極めて重要なのには疑問の余地がない。速力はそれを有する単数ないし複数の艦隊をいかなる所望位置へも可及的速やかに集結せしめ、海戦時において重要な影響を及ぼすため、速やかな集結は勝利の主要因のひとつである。

しかしこと戦術面となると、距離の選択、陣形、または指向方向を、艦隊に速やかに変更させうるにもかかわらず、速力はしばしば議論されてきた。遠距離からの命中弾が可能となった今や、速力が必要不可欠であることがしばしば見落とされている。なぜならば艦隊戦で対峙する戦列間の距離が遠いほど、敵戦列に対して優位な位置を獲得ないし維持するために移動すべき範囲も広くなるためである。

3. 船体規模と建造費

これらの両要目について「ドレッドノート」は諸外国の計画する戦艦よりも優れており、イギリス海軍で次期に建造する4艦は、2艦を同様の規模および価格とし、2艦をより大規模、高価格とすべきであろう。「インヴィンシブル」級は諸外国が将来建造する装甲巡洋艦よりも大型で高価だが、後者の速力は多くの既存の巡洋艦よりも劣り、そうした艦は「ド級戦艦」艦隊に加えても無用の長物とならざるをえないのに対し、優れた速力と大きな砲力を誇る「インヴィンシブル」級の3隻は、敵が戦闘への誘致を望まざる、ないし万一恐怖している場合でも、これを攻撃し、戦艦部隊を支援するのに最大限に有利な位置を選択することが可能である。

	10分間に敵艦に命中した砲弾重量（ポンド）	弾量比
6インチ〔15.2 cm〕連装砲	840〔381kg〕	1
9.2インチ〔23.4 cm〕連装砲	2,812〔1,276kg〕	3.3
12インチ〔30.5 cm〕連装砲	4,250〔1,928kg〕	5

▶ドレッドノートの写真のなかでも秀逸な一葉で、短艇甲板の小艇搭載法や、不使用時は舷側に密着している防雷網展張桁などが興味深い。（写真／NMRN）

AN IDEAL BRITISH STANDARD BATTLESHIP.
(AS SHE WOULD APPEAR AT SEA.)

Displacement, 17,000 tons.   Guns: Twelve 12-inch.   Armour: 12″.   Speed, 24 kts.   *See the Article in PART III.*

[*Frontispiece.*]

◀1906年頃のある蔵書票に描かれた理想のイギリス戦艦のイメージ図。だが、図のような艦では艦首砲塔の発砲時、艦橋下部の人員は極めて不快な目に遭ったことだろう。（写真／NMRN）

　この文書でのドレッドノート擁護は揺るぎないもので、本資料のその他の部分では本艦の背景にある思想とデータが極めて詳細に列挙されている。批判論者たちが何を言ったにせよ、イギリス以外の世界各国がドレッドノート型のアイディアを直ちに取り込んだという事実は否定しようがない。

波及効果
The effect

　ドレッドノートの出現は列強の海軍に脅威を与えるものだったが、同時にイギリス自身の海洋覇権をも脅かす存在ともなった。

　1906年当時、イギリス海軍は艦艇数で間違いなく世界各国の首位にあり、それはイギリスの高い造船能力によって支えられていた。しかし既存のあらゆる戦艦を時代遅れにしてしまうドレッドノートという新型艦を出現させたことにより、もしドイツやアメリカといった国々の工業力が高まって建艦競争となった場合、イギリスは現在の数的優位を失いかねないという状況をわざわざ作り出してしまったのである。

　こうした懸念は議会でさまざまな形で頻繁に提起された。どのような状況だったのかを知るため、北バー

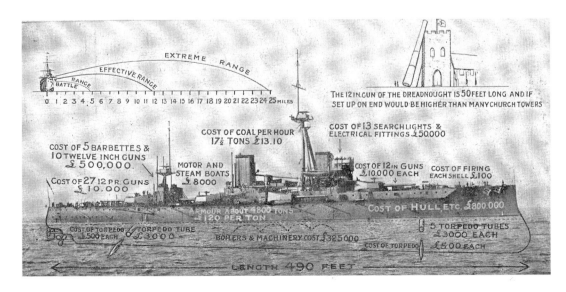

◀ドレッドノートが秘密でなくなると、当時のこの図解のようにイギリス海軍本部は同艦に秘められた技術力と戦闘力の喧伝に力を入れた。（写真／NMRN）

ミンガム選挙区のジョン・ミドルモア下院議員とレジナルド・マケナ財務長官との間で交わされた議論を1909年8月の議事録から引用したい。

ミドルモア氏は1904年3月31日付のディルク艦隊年報にあるイギリス戦艦のうち何隻が現役艦籍から除籍され、何隻が起工ないし就役しているのに同年報に記載されていないのかと質問した。

これに対しマケナ氏は1904年3月31日付のディルク艦隊年報に記載されているイギリス戦艦で、現役艦籍から除籍された艦数は12隻であると回答した。起工ないし就役しているが、同年報に記載されていない戦艦数は15隻であると回答した。

下院議事録1909年8月4日、第8巻、第1836段

競合国、特に1907年6月～8月に突如ナッサウ級ド級戦艦(ナッサウ、ヴェストファーレン、ラインラント、ポーゼンの4艦)の起工で建艦競争に本格参入してきたドイツを凌駕するべく、海軍本部、ひいてはイギリス国民はド級戦艦建造計画の推進に本腰を入れ、膨大な資金と労働力を投入することになった。

この建艦競争の勝者は第一次世界大戦の勃発により、ひとまずイギリスとなった。1910年頃に発表されたイギリスの建艦数公式集計は、ド級戦艦1隻の平均請負建造期間が24ヵ月なのに対し、ドイツは同等艦1隻の建造に36ヵ月かかると誇らしげに謳っていた。すなわち1906年から1914年までにイギリスは29隻ものド級戦艦と超ド級戦艦(後者については後述)を建造就役させたのに対し、ドイツ側は17隻だった。ド級戦艦の建造がイギリスで事実上終了した1920年には、計35隻ものこうした巨艦が白波を蹴立てていた。海軍史家アンガス・コンスタムは、この過酷な建艦事業によりイギリス国民は合計1億5,100万ポンドを費やしたと指摘している。

この歴史的な時代にイギリス海軍が建造に励んでいたのはド級戦艦だけではなかった。戦艦の建造と並んで進められていたのが新たな艦種である「巡洋戦艦」だった。最大級の敵艦との遠距離砲戦が可能な「単一巨砲」搭載艦として巡洋戦艦が構想されたのも、やはり1904年からだった。しかしド級戦艦とは異なり巡洋戦艦では装甲が減らされていたが、その対価として得られたのが迅速に戦闘海域へ展開し、激戦が起きれば決然と突進するのに必要な速力だった。こうしてドレッドノートが279mmの水線装甲帯と21ノットの速力を備えていたのに対し、インヴィンシブル——インヴィンシブル級巡洋戦艦(インヴィンシブル、インドミタブル、インフレキシブル)のネームシップ——は、水線装甲帯はわずか152mmだったものの、最大速力は25ノット以上、しかも主兵装は12インチ砲10門だった。巡洋戦艦に非常に力を入れていたフィッシャーは、これをド級戦艦よりも優れているとすら考えていた。事実、その後20余年間に出現した巡洋戦艦は、火力と船体規模ではド級戦艦とほとんど差がなかった。こうして第一次世界大戦前、イギリスは29隻のド級戦艦に加え、9隻の巡洋戦艦も保有していたが、この艦種においてはドイツに対する優位性は少なかった。ティルピッツ麾下のドイツ海軍は同時期に7隻の巡洋戦艦を進水させていたからである。

本書が主眼を置くのはド級戦艦と超ド級戦艦だが、巡洋戦艦が当時、世界各国の海軍省の興味を惹きつけていたことも忘れてはならない。この事実は1906年10月15日付のデイリー・テレグラフ紙に掲載された以下の記事に示されている。本記事は合衆国の例だが、海外列強がイギリスの海軍力にかなり影響されていたらしいのが興味深い。

▼1906年2月10日、進水直後のドレッドノート。船体は12月3日の係留運転時に損傷したが、間もなく修理された。
(写真/NMRN)

▶右舷主錨を下ろしたドレッドノート。錨はウェイスニー＝スミス社製の
ストックレスアンカーで、錨爪の可動角度は45度のみだった。
（写真／NMRN）〔訳註：艦上から錨鎖に向けて水がかけられているこ
とから、海底で付着した砂礫などを洗浄しながらの“揚錨作業”を捉え
た写真と思われる。〕

新たなド級戦艦 —— アメリカ人の反応
（本紙特派員より）

　昨日版の「デイリー・テレグラフ」に掲載された「イ
ンフレキシブル」、「インドミタブル」、「インヴィンシ
ブル」に代表される英海軍の新型艦建造に関する重大
発表は、アメリカへ電信後、平文化されてアメリカの
全主要紙に再掲載された。本日、その発表はほぼ全世
界で話題となっている。記者がアメリカ人専門家らと
の会話から得たところによれば、イギリス海軍本部は
建艦分野において全世界の、特に「海軍の発展ではイ
ギリスの最新動向を待つのが当たり前」の諸海軍の尊
敬を集めるはずの新たな目覚ましい勝利を獲得した。
　「君の情報が確かなら、大英帝国は多くの人々が不可
能と考えていた艦種の統一を達成したと言えるよう
だ。これに関して私の聞いた話がすべて事実で、君た
ちが独占掲載したその詳細が確かならば、イギリス海
軍本部はアメリカのものを含め、既存の戦艦の大半を
圧倒しうる巡洋艦を見事に作り出したということだ」
　「理論が飛躍的に進歩することはよくある」と、ある
アメリカ人専門家は言った。「そして戦列艦の二大艦
種の異なる特質、つまり戦艦の砲力と防御力に、巡洋
艦の運動力が丁度よく組み合わされた理想の艦が遅か
れ早かれいつか生まれる可能性が、一蹴されないだけ
の充分な根拠を得たわけだ。従来の考えはそれぞれの

▼進水後、イギリス海軍の他の艦艇が見守るなか、おそらくファンファー
レとともに蒸気曳船に曳航されるドレッドノート。（写真／NMRN）

艦の機能はある一点を境にして全く異なるはずという仮定に基づいていた。これからは1艦に多くの異なる能力を盛り込むことが、軍艦設計者にとり最も重要となるだろう」

デイリー・テレグラフ紙、1906年10月15日付

「アメリカの全主要紙」が巡洋戦艦の出現に興味を示したという事実は、当時の海軍関連の事柄に対する注目度が、1960〜80年代のメディアにおける核兵器の増加拡散に対するものと同等だったことを示唆している。また「新たな目覚ましい勝利」という表現は、多少の自賛はさておき、ド級戦艦と巡洋戦艦が他国に羨望され、建造に努めなくてはならない新基準の軍艦設計であると国際的に認識されていたことを示している。またドイツという、当時合衆国よりもイギリスにそれほど敬意を払っていなかった国が、ほぼ直後にドレッドノート型戦艦と巡洋戦艦に重点を移したという事実もその明確な証拠である。

このことから、ドレッドノートが全世界でルールを根底から覆した存在であり、世界列強の戦略的序列を一変させた軍艦だったことには疑問の余地がない。イギリスのド級戦艦の進化を検証する前に、まず我々は一歩立ち止まって、ドレッドノートが他のあらゆる戦艦を時代遅れにしたという常套句をよく考えるべきだろう。この議論の模様をよく映した鏡といえるのが1910年7月18日付のイギリスタイムズ紙の記事で、

題名はずばり「ドレッドノートとは何か？」だった。当時どれだけの経済力がこれらの巨艦に注ぎ込まれていたのかを国民がすでに気づいていた以上、同紙が何らかの技術的説明が必要だと感じていたのは明らかである。またこの記事には当時の諸外国の動向についてもよく書かれている。

別の角度から見れば、まず浮かび上がってくるドレッドノートならではの本質的特徴とは、アメリカ流の言い回しで「全門単一口径巨砲」という兵装を搭載している点である。それこそが紛れもなく元祖ドレッドノートの本質的な差異であり、艦隊戦を目的とする兵装は10門の12インチ砲の他に存在せず、これ以外の兵装である24門の12ポンド砲は純粋な対水雷艇防御用である。これはイギリスの次級以降のド級戦艦でもやはり本質的な特徴となっているが、これらでは対水雷艇兵装の口径が拡大されている。しかしこれは外国海軍で竣工ないし建造中のいわゆるド級戦艦の多くでは本質的特徴とはなっていない。フランスのダントン級は12インチ砲4門に9.4インチ砲12門を搭載と、12インチ砲4門に9.2インチ砲10門を搭載する我が国のロード・ネルソン型と極めて類似しており、いずれも対水雷艇兵装は強力である。ドイツのナッサウ型は11インチ砲12門に5.9インチ砲12門を搭載し、さらに対水雷艇兵装を装備している。ディルク艦隊年報[サー・チャールズ・ディルクが創刊した海軍年報]

▼左舷後方から見たドレッドノート。12インチX砲塔が第2煙突と後檣の間に、どのように「隠れて」いるのかに注意。（写真／NMRN）

にはイタリアが計画中のド級戦艦の兵装については記載されておらず、「海軍年鑑」には多少詳細が掲載されているものの不明と述べられている。合衆国ではデラウェア型が現在竣工しており、兵装は12インチ砲10門に5インチ砲14門に加え、対水雷艇兵装が1門あるが、5インチ砲の主目的は水雷艇攻撃の撃退と思われる。

　現在建造中のフロリダ型とアーカンソー型では、兵装はほぼ同様だが、より強化されている。日本の河内型は12インチ砲12門、6インチ砲10門、4.7インチ砲14門を搭載する予定で、後者は明らかに対水雷艇防御用である。ディルク艦隊年報に挙げられているロシア戦艦は1隻のみだが、セヴァストーポリ型に類似したもので、12インチ砲12門と4.7インチ砲12門に対水雷艇用の軽砲と、元祖ドレッドノートの特徴を備えている。これらの列挙から、世界の主要海軍で現在竣工および建造中のいわゆるド級戦艦の本質的な特徴は、必ずしも「全門単一口径巨砲」兵装ではないことがわかる。そうした兵装の艦もあることはあるが、明らかに多数派ではなく……

　換言すれば、近年我々がド級戦艦と呼んでいる物は、1906年以降に設計建造された第一級の軍艦にすぎない。こうした艦は全て、つい最近まで「主力艦」だった艦よりも高速なのは当然であり、大幅に高速化した艦も多く、はるかに重武装で排水量も大きい。しかしこうした多様な方向性への発展は進化の自然な流れであり、最初の甲鉄艦が建造されて以来、ほぼ途切れることなく続いてきた進化である。また全ての艦はドレッドノート以前に建造された全ての艦の発展形である以上、その進化は元祖ドレッドノートとあらゆる「主力艦」とを隔絶する差異を生ずるものではない。このためドレッドノート型戦艦のみについて語り、考えるだけの風潮の蔓延は、民心を惑わすのみならず、ひいては海軍政策をも乱しかねない事をよく銘じるべきである。

　これは鋭く、洗練された論考である。この筆者はド級戦艦とは何かを非常に具体的な言い回しで説明し、それは戦艦設計の進化であって、実は革命ではないとしている。さらに彼は、副砲がいまだ健在である別系統の発展方向に注目すれば、単一巨砲思想は完全無欠ではないことも示している。

　確かにイギリスのド級戦艦のその後の発展を注意深く観察すると、1906年以降に思想の変遷が確かに認められるのである。

▲HMSインディファティガブルは1909年に進水し、1911年に就役したイギリス海軍の巡洋戦艦である。巡洋戦艦はこの時代、ド級戦艦と双璧をなす重要な存在だった。

ド級戦艦から超ド級戦艦へ
From dreadnought to super dreadnoughts

　先述したとおり、ドレッドノートの登場は列強に新たな競争の舞台を作り出すこととなったため、継続的かつ急テンポな建艦計画により当初の優位を維持することがイギリス海軍本部の最優先課題となった。

　そのため、直ちにド級戦艦のベレロフォン級が設計され、いくつかの相違点のあるベレロフォン、シュパーブ、テメレーアの3艦が建造された（ド級戦艦と超ド級戦艦の主な級での本質的な進歩点については第2章で解説する）。1番艦ベレロフォンは1906年12月3日に起工され、最終艦のテメレーアが竣工して就役準備を整えたのは1909年5月だった。しかし、これは始まりでしかなかった。1907年から1914年までにさらに

▼ドレッドノートが進水したあとも、フランスでは前ド級戦艦を建造し続けていた。図のダントン級はドレッドノート同様、4基の蒸気タービンを搭載していたが、兵装は30.5cm、24cm、7.5cm砲の混載であった。

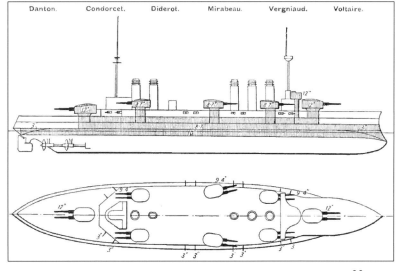

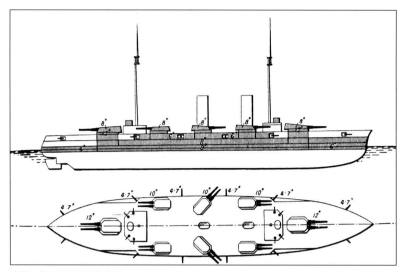

▲ドレッドノートと同じ年に進水した日本海軍の戦艦薩摩は主砲兵装を重視した設計だったが、建造費の問題から前後の30.5cm連装砲塔2基のほかに25.4cm連装砲塔6基も混載したため〔訳註：単一巨砲搭載艦ではないから〕、準ド級戦艦に分類される。

2級のド級戦艦が完成した。これがセント・ヴィンセント級のコリンウッド、セント・ヴィンセント、ヴァンガードと、コロッサス級のコロッサス、ハーキュリーズで、さらに同型艦のないネプチューンとエジンコートの2艦も建造された。

建造間隔が極めて短かったにもかかわらず、これらのド級戦艦たちははさまざまな、大きな変化を遂げていた。甲板上の主兵装配置は大幅に変更され、船体中央部両舷に砲塔を2基設けるのではなく、艦首尾線上のみに背負い式配置する形態となった。また、元祖ドレッドノート最大の基本的特徴として廃止された副砲は、戦術的な考慮と諸外国の競合ド級戦艦の発展方向を見据え、確実に復活へと向かっていた。これらに伴い上部構造物の構成も変更され、弾着観測能力を高めるため射撃観測所を前部マスト上部に設けるように

なった。

こうした修正はイギリスのド級戦艦を第一線に維持することには役立ったが、建艦競争が始まるやいなや、構想の進歩に建造速度が追いつかなくなった。軍拡競争は技術の進歩に最高の環境を生み出すものだが、1914年以前の建艦競争もその例外ではなかった。20世紀の最初の10年が終わろうとしていた頃、イギリス海軍本部に競合国のド級戦艦の砲煩兵装に関する情報が入り始めた。すなわちアメリカ海軍、日本海軍、さらに懸念されることにドイツ海軍が、12インチよりも大口径の——それぞれ口径13.5インチ、14インチ、15インチ主砲の導入を検討していることが判明したのだった。これらの砲はより長い射程、より大きな破壊力、より低進する弾道を意味し、その結果、精度と射撃管制能力が向上するはずだった。

こうしたなか、アメリカでは1912年10月30日に米海軍が戦艦USSニューヨークを進水させていた。本艦は2艦からなるニューヨーク級のネームシップだった。竣工した同艦は14インチ〔35.6cm〕砲10門に加え、強力な副砲として12.7cm砲21門を搭載していた。1912年から日本も35.6cm砲を搭載する戦艦の建造を、まず扶桑と山城からなる扶桑級で開始した〔訳註：先に建造された金剛型は巡洋戦艦なので、戦艦としては扶桑型が初の35.6cm砲搭載艦となる〕。ドイツは戦前の大部分の期間、12インチ砲で足踏みしていたが、1913～15年にかけていずれも35cm砲を8門搭載する巡洋戦艦マッケンゼン級と超ド級戦艦バイエルン級を起工した。フランスも主砲の口径拡大に乗り出し始め、1912年からブルターニュ級の建造を開始した。本級は34cm砲を10門搭載するとされた。

少なくとも1909年前後からこうした開発状況の噂

▶イギリス海軍HMSベレロフォンはいくつか元祖と大きく異なる点もあったが、ドレッドノートに続く最初のド級戦艦のネームシップだった。（写真／LOC）

などに接していたイギリスは、将来の脅威に対抗するため、ド級戦艦の性能向上が必要と感じていた。その結果が「超ド級戦艦」と呼ばれる一連の艦で、その建造は1909年建艦計画の一部としてオライオン級コンカラー、モナーク、オライオン、サンダラーから始まった。ここで舷側砲塔の時代が終わった。これらの艦は10〜13.5インチ〔25.4〜34.3cm〕のMk V砲をすべて艦首尾線（前後の中心線）上に配置し、B砲塔（前部）とX砲塔（後部）をそれぞれA砲塔とY砲塔の上方に背負い式に設けた。またオライオン級は前級のド級戦艦コロッサス級よりも大型だった。全長が伸び、排水量も2,000トン以上増加したうえに、装甲も若干強化されていた。これがイギリスの超ド級戦艦の嚆矢だ。

このオライオン級に続き、イギリスではキング・ジョージ5世級、アイアン・デューク級、クイーン・エリザベス級、ロイヤル・サヴリン級という5クラスの超ド級戦艦が建造され、その合計は22隻となり、さらに同型艦のないHMSエリンとHMSカナダが建造された。超ド級戦艦は力の露骨な体現物であり、新型の戦艦が進水就役するほど、より強力で大型になり、秘められた戦闘力も増していった。第2章ではその発達についても詳しく解説するが、ここで注目すべき特徴についていくつか述べておきたい。

1912〜13年に進水したアイアン・デューク級では、副砲が従来のド級戦艦および超ド級戦艦の10.2cm速射砲から15.2cm砲に強化された。これは敵駆逐艦、軽巡洋艦、高速水雷艇などの脅威が増大し、副砲の果たす役割も増したからだった。しかし、これはドレッドノート級戦艦において「単一巨砲」思想が根本的に終わったことを意味していた。この動きに対する反発がほぼ皆無だったのは、1910年にフィッシャーが退役したからという理由だけでは決してなかった。巨砲重視の方針は健在だったからである。米海軍と日本海軍での艦載砲開発のニュースを受け、海軍造兵局長はクイーン・エリザベス級に新型の15インチ〔38.1cm〕Mk I BL砲（BLは後装式の略）を選択し、この怪物砲を計8門搭載することにした。ロイヤル・サヴリン級もこの砲を採用した。これら巨艦の舷側に居並ぶ巨砲を目にした者は、畏怖以外の何物をも感じなかっただろう。

超ド級戦艦は1906年に初めて造船台から滑り降りた新世代戦艦の最終進化形態だった。イギリスと列強各国の海軍の戦艦は大幅に船体規模と火力を拡大し、その力強い艦容と威圧的な主砲は何者をもその威厳には抗いえないと思わせた。

しかし、そうではなかった。

▲アメリカ海軍の戦艦USSアラバマは1890年に就役した前ド級戦艦イリノイ級の1艦である。主兵装は13インチ〔33cm〕砲4門で、船体に設けられたスポンソンに15.2cm砲14門を搭載していた。（写真／LOC）

一時代の終わり
End of an era

ド級戦艦や超ド級戦艦たちを取り巻く皮肉のひとつが、獰猛な破壊力を備えていたにもかかわらず、これらが戦闘で使用された機会が極めて少なかったという事実である。もちろんこうした"海獣"たちの最大の激戦として、イギリスの大艦隊とドイツの大洋艦隊が激突した、1916年5月31日から6月1日にかけての伝説的なユトランド沖海戦〔訳註：ジュットランド海戦とも。ドイツではスカゲラック沖海戦と呼ぶ〕がある。クイーン・エリザベス級のウォースパイトはこの戦闘で259発もの15インチ砲弾を発射したという。しかし、ユトランド沖海戦が有名なのは他に同じような戦例がないからで、実際のところ巨大な戦艦たちはほとんど

▼写真は艤装工事中の日本海軍の戦艦山城で、本艦は日本の新世代のド級戦艦の1隻だった。扶桑級の2番艦である本艦は1944年にフィリピン戦で姉妹艦扶桑とともに撃沈された。

▶典型的な超ド級戦艦、イギリス海軍HMSロイヤル・サヴリンの設計図。その15インチ〔38.1cm〕という主砲は、超ド級戦艦の兵装としては最大のものだった。

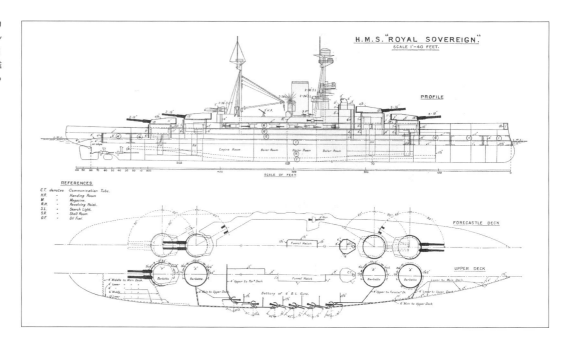

▶アルゼンチンのド級戦艦リヴァダヴィアの主砲配置は興味深く、艦首尾に12インチ連装砲塔を背負い式に装備し、さらに12インチ砲塔2基を船体中央部にずらして配置していた。

の期間、注意深く航行し、他艦を巨砲で掩護したり、海上封鎖を突破したり、自艦より格下の軍艦を仕留めていただけだった。戦艦は巨大で高価なシステムであり、一般的に各国海軍はそれを少しでも危険のある状況には投入しない慎重策を取っていた。たった1発の砲弾が適切な（あるいは不適切な。考え方は人それぞれだ）箇所に命中しただけで、1,000名近くが乗り組む巨艦が瞬殺される可能性があった。この教訓はユト

ランド沖海戦で学ばれたが、第二次世界大戦でも痛みを伴って再学習された。その意味はフッド、ビスマルク、グラーフ・シュペーのたどった運命を思い起こせばわかるはずだ。

しかし第一次世界大戦で最初の砲弾が発射されるはるか以前から、先見の明のある人々は海戦のあり方が変化しつつあると唱えていた。そうしたひとりが影響力を誇る海軍指揮官であり、砲術の専門家だったサー・パーシー・スコット提督である。1914年6月、スコットは主力艦を含むイギリス海軍水上艦隊全体の存在意義を覆しかねない論文を発表し、論争を巻き起こした。

以下はその論文からの抜粋である。

水面下を航行する艦艇——潜水艦——の出現は、あくまで私見だが、水上を航行する艦艇の有用性を完全に無くすだろう。潜水艦により厳重に防御された海岸へは視認距離まですら接近しようとする戦闘艦が存在しない以上、潜水艦は軍艦の防御と攻撃における5個の機能のうち、3個を喪失させることになる。戦艦の第4の機能は敵艦隊の攻撃だが、艦隊は出航すれば安全を失う以上、攻撃すべき艦隊も存在しなくなるだろう。もし我々が潜水艦により北海と地中海の出口を封鎖すれば、我々の通商が大きく妨害されることはほぼ無くなるだろう。航空機の目から隠れおおせる艦隊は存在せず、潜水艦は白昼でも公然と必殺の一撃を加えられる以上、潜水艦と航空機は海戦というものを完全に変容させてしまった。かくして未来の海軍士官は海面の上か下かのいずれかで活動することとなるだろう。必要なのは大胆さと勇気だけである以上、それは

若者の海軍となるだろう。潜水艦の小艦隊がいるだけで外洋は安全ではなくなり……港湾に入ろうが、その湾内ですべての艦は撃沈されるか、物的損害を被るだろうと……私は断言する。我々に必要なのは強力な潜水艦隊、飛行船艦隊、航空機部隊、そして少数の高速連絡部隊だが、それはこれらを戦時下でも安全に格納できる場所があればの話である。私見だが、自動車が道路から馬を一掃したように、潜水艦は海から戦艦を一掃するだろう。

パーシー・スコット、論文、1914

　後世の成り行きを知っている我々は、この論文の先見性に驚嘆せざるをえない。スコットは航空機と潜水艦を海戦の先兵と位置づけ、しかも大型水上艦は戦争中は基本的に隠れ場所を探しまわることになるだろうとまで結論している。第二次世界大戦中のティルピッツの引きこもりぶりを思い起こすだけで、この予想の正確さがわかるだろう。しかもスコットがこの論文を書いていたのは、海軍航空隊が最終的にどのような戦闘部隊に発展し、米海軍の艦爆隊と雷撃隊が史上最大の戦艦、日本海軍の大和を海の藻屑にしてしまうことなど知りようがない時代だったのだ。

　こうした理由により、我々がイギリスのド級戦艦と超ド級戦艦たちの運命を振り返る時、それが栄光とはほど遠かったと感じられるのである。これらの艦は大半が1920〜40年代という航空母艦やUボートが出現し、機動戦が主体となった時代に、最終的にスクラップとして売却されて解体された。そうならなかった艦は悲惨な最期を迎えたが、敵艦と堂々と戦闘を繰り広げた艦はほとんどなかった。イギリス海軍戦艦HMSヴァンガード（セント・ヴィンセント級）は1917年7月9日に火薬庫の爆発事故で失われた。同じく超ド級戦艦のオーディシャス（キング・ジョージ5世級）は1914年10月27日に触雷により沈没した。HMSバーラム（クイーン・エリザベス級）は第一次世界大戦は生き抜いたものの、次の世界大戦で撃沈された。同艦は1941年11月25日に地中海で雷撃を受け、転覆後に火薬庫が爆発して船体が分断され、最終的な犠牲者は

841名に上った。その頃すでにイギリスは主力艦に対する潜水艦の威力を痛感していたが、それはHMSロイヤル・オーク（ロイヤル・サヴリン級）が1939年10月14日に比較的安全な水域と思われていたスカパ・フローでU-47により撃沈されていたためだった。

　イギリスとその他の国々は超ド級戦艦のあとも戦艦建造を続けていたが、第二次世界大戦の終結時には戦艦という艦種は黄昏を迎えていた。ド級戦艦と超ド級戦艦の戦術的価値に大きな疑問が呈されたのは確かだったが、彼らが世界政治と、建造に携わった、あるいは乗艦した数万人もの男たちの人生に大きな影響を与えたことは否定できない事実である。

第2章

ド級戦艦の設計
The layout of the ship

ド級戦艦は海に浮かぶ生活共同体である。各艦の設計には熾烈な海戦用の兵装だけでなく、本国や海外で遂行される無数の平凡な任務を支えるための日常用の設備も含まれていた。

◀建造中のドレッドノートの防御甲板の艦尾方向を見る。船体外鈑にドリル開口されたリベット穴の間隔は直径の4～5倍が一般的だった。（写真／NMRN）

▲1905年10月、形になってきたドレッドノートの船体下部。二重船底の構造材と、一部張られた水密外板が見える。
（写真／NMRN）

ド級戦艦と超ド級戦艦の全体構造を知るには、両者の始祖である元祖ドレッドノートに立ち戻らなければならない。この独創的な艦がどのように設計されたのかを知ることは、1906年からその後、1920年代初頭までに取り入れられた多様な変化と改良設計の背景にあった思想の理解に役立つはずである。

全体の概要
General construction features

ドレッドノートの基本データを知れば、その建造背景にあった思想が見えてくる。本艦の全長は160.3m、垂線間長は149.4m、全幅は25.0m、常備排水量は1万7,110トンであり、満載排水量は2万1,845トンだった。常備喫水は8.5mで、満載喫水は8.8mだった。

▼建造が進むドレッドノートの船体。1906年8月時点での船体の総重量は6,215トンだった。
（写真／NMRN）

ドレッドノートは高い運動力を企図していたので、船体構造はそれを最優先にしていた。船体断面を見ると、中央部では船底は平らで、舷側は垂直に近く非常に角張っており、前級である前ド級戦艦ロード・ネルソン級によく似ている。このタイプの船体形状は横動揺を抑えながら排水量を稼ぐのに有利である。しかし平底船形は抵抗が大きいため、ドレッドノートの艦首と艦尾はそれを補うように設計されている。艦首ではステム（水線下の突出部）の設計に特に注意が払われた。ステムの起源は旧世代の軍艦が装備していた衝角で、実際1906年当時には衝角攻撃は滅多に使われない戦術になっていたが、自艦よりはるかに小型軽量で脆弱な敵艦に対して使われることはあった。ただ、ステムには艦首波を減少させ、その結果、抵抗を低下させるという副次的利点もあったため、ドレッドノートには滑らかにカーブした側面形の艦首が与えられた。艦の操縦性を向上させ、プロペラと舵を設置する空間を得るため、船尾には長い切り上げが設けられた。

ドレッドノートの船体設計のもうひとつの特徴が二重船底だった。これは水線下に損傷を受けた場合の艦の生存性を向上させ、さらに大量の石油を搭載する区画空間も生み出した。巨砲と魚雷が主兵器だった時代の、本艦の設計にワッツたちが生存性を最重要視したのは当然だろう。主甲板の下で船体は隔壁で縦横に区画され、隔壁の後方には203mmの装甲板が控え、弾火薬庫などの重要区画を防御していた。多くの隔壁には防水扉があり、これを閉鎖することで浸水範囲を制限できた。

この当時、装甲防御の問題は複雑で、それは軍事技術の一部の分野では現代も変わらない。最大の問題は装甲量を増やせば増やすほど、重量が増加して艦の速力が低下することだった。艦艇設計とは常に速力（これ自体も防御力の重要要素のひとつである）と装甲防御力という二律背反する要素の按配だった。

ドレッドノートの装甲の重量配分は以下のとおりだった。

■舷側装甲：1,940トン
■甲板、格子：1,350トン
■火薬庫：250トン
■操舵機械室：100トン
■バーベット：1,260トン
■艦橋：100トン

これらの数字は前ド級戦艦のロード・ネルソン級と比較すると、特に興味深い。甲板／格子とバーベット装甲の重量こそロード・ネルソンを超えるものの、それはドレッドノートより小型軽量な艦だったので、「ド

レッドノートは実は装甲が劣っていたのでは？」と早合点してしまいがちだが、事実はそうではないことを示している。もっとも、舷側防御に関してはドレッドノートには脆弱性が若干ながらあった。舷側装甲は魚雷攻撃や水線付近の弾着から艦の機関部を守る279mmの主帯と、それ以外の舷側部を覆う203mmの装甲板で構成されていた。しかし、搭載状態によって喫水線が変化することにより主帯は水線の上か下のどちらかになるのが普通であり、その結果、艦の水線上の部分の防禦は限られたものとなり、特に大落角弾に対して脆弱だった。ジョン・ロバーツはその名著『戦艦ドレッドノート』でこう述べている。

きが起こったのは、1916年のユトランド沖海戦で貴重な戦訓が得られてからだった。

艦のその他の部分の装甲厚は、以下のとおりである。

■バーベット：279mm／203mm／102mm
■砲塔：前・側盾279mm／後盾330mm／天蓋76mm
■司令塔：側面全周279mm／床面102mm／天蓋76mm
■信号塔：側面全周203mm／床面102mm／天蓋76mm
■主甲板：19mm
■中甲板：76～44mm（AおよびY火薬庫上面が最大厚）
■下甲板：102～38mm（AおよびYバーベット周辺が装甲102mm／操舵機械室上面が装甲76mm）

　厚さの均一な装甲帯は構造配置的には好ましいが、排水量を増加させずに可能な最大値は241mmだった。また、装甲帯の高さを増すという方法もあったが、これは安定性に影響し、さらに船幅が増すという好ましくない結果につながる場合もよくあった。同じ基本設計が以後すべてのイギリス海軍の12インチ砲戦艦で踏襲されたことからも、この装甲配置は当時特に不充分とは思われていなかったようだが、主帯の増厚をはじめ、細部の改良は数多く行なわれていた。
　　　　　　　ジョン・ロバーツ、戦艦ドレッドノート

　しかし、279mmの舷側装甲がA砲塔とY砲塔の両方を完全に防御するまでは伸びておらず、そのため艦の重要部に弱点が残されてしまったという事実もロバーツは指摘している（前部装甲帯は152mm、後部装甲帯はわずか102mmだった）。こうした弱点を強化する動

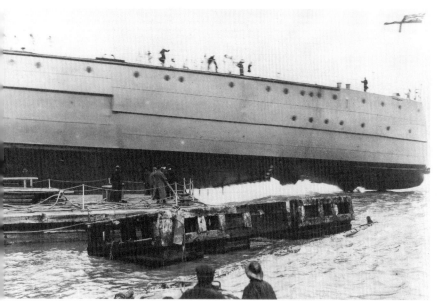

▲進水後のドレッドノートの左舷
艦尾。主装甲帯と後方装甲帯が
まだ取り付けられていないため、
船体表面に段差があるのに注意。
（写真／NMRN）

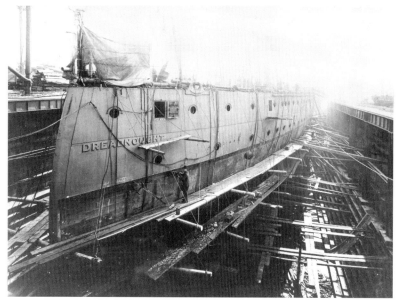

▼同じくドレッドノートの艦尾部
で、手前に写っている木製足場
板のすぐ下方の艦尾後端に艦尾
魚雷発射管の開口部があった。
（写真／NMRN）

以上の数字から、ドレッドノートは全装甲板のうち、甲板の装甲が最も薄かったため、大落角弾に非常に脆弱だったことがうかがえる。これもやはり、より強力な甲板装甲が必要であるという苦い戦訓を海軍本部にもたらすこととなった。

上部構造物
Superstructure

ドレッドノートを艦首から艦尾へ向けて見てみると、（3ヵ所の錨鎖用ホースパイプ、錨泊用具、右舷側の12インチ砲2門の他に）最初に目に入るのが、12インチ砲を連装で収めたA砲塔である。これはドレッドノートの5基ある砲塔のうちの1基で、さらに2基が両舷——P砲塔が左舷、Q砲塔が右舷——にあり、さらに中心線上に後方を向いた2基の砲塔——第2煙突直後のX砲塔と艦尾（後甲板）を見渡すY砲塔——があった。24門の12ポンド砲は船首楼甲板と上甲板に分散配置されていた。

A砲塔の直後に艦橋と司令塔が立ち上がり、ここにはメインの指揮所として舵取機、海図室、羅針儀台などが設けられていた。どの距離から見ても最も目立つ別の艦型上の特徴が2本のマストである。前部マストは第1煙突のすぐ後方に位置（のちにこれが問題となった）する三脚構造で、各支筒内の梯子で探照灯台と測距儀が設置された檣楼へ上れた。第2煙突後方に設けられた後部マストはこれよりも低く、探照灯台が設けられており、その上に檣楼があった。これらの2本のマストの間にある重要な上部構造物は短艇甲板と信号塔だけで、信号塔の天蓋上には基線長9フィートのバー＆ストラウド指揮式測距儀がもう1基設けられていた。

短艇甲板は短艇を搭載するために設けられた区画である。しかし、ドレッドノートはP砲塔およびQ砲塔があるせいで船体中央部の上構の幅が狭くなっており、やや窮屈だったと言われている。また爆風の問題も考える必要があった。主砲の発砲時、特に上構の側面に平行に近い方向へ射撃する場合は、周囲の構造物が損傷する可能性があるため、砲口近くの上構はできるだけ引っ込んでいる必要があった。また短艇も爆風で損傷しないよう工夫して並べねばならない。短艇甲板にはデリックで固定された短艇が計8隻あった。甲板前部には32フィートカッター2隻（各舷）に、32フィートカッターないし27フィートホエーラー1隻が前檣の直後に置かれていた。第2煙突と信号塔の周辺には、①16フィートディンギー、②27フィートホエーラー、③45フィート蒸気ピンネース、④40フィート蒸気バージ（長官艇）、⑤13.5フィートバルサ筏、⑥42フィートランチ、36フィートピンネース、27フィートホエーラーのいずれか1隻の、合計6隻が置かれていた。〔訳註：P.5【8】短艇甲板参照〕

後部上甲板の大半は12インチ砲連装のX砲塔およびY砲塔が占めていた。この部分には新しい試みとして12ポンド砲が配置され、当初は各主砲塔天蓋上に2門が、さらに艦尾防御用としてその後方の上甲板に3門が設置されていた。その後、主砲発砲時の爆風が12ポンド砲と要員の両者にとり危険なことが判明したため、主砲塔上の砲は最終的に撤去された。

艦内構造
Below decks

　ドレッドノートには以下のような7層の甲板があった。〔訳註：本書P.4からのカラー口絵も合わせて参照されたい〕

- ■空中（船首楼）甲板
- ■上甲板
- ■主甲板
- ■中甲板
- ■下甲板
- ■最下甲板
- ■船艙

　ドレッドノートはこれらの諸甲板の各所で、上甲板の主砲塔に配置された砲員から、船艙で汚れ仕事に励む火夫までの乗員たちが働くことによってはじめて機能した。ここでこれらの諸甲板におけるあらゆる諸室、各乗員とその役割について詳細に説明するのは無理なので、概要を伝えるに留める。

　まず全体的な特徴がひとつあった。イギリス海軍の戦艦では一般的に士官居住区を船体後部に設け、機関騒音の防音を図り、経験的に船体前部よりも波による動揺が少なく感じられた。ところがドレッドノートの場合、士官居住区は上甲板の前部に位置し、いつも士官が艦の指揮中枢部の近くにいられることになったが、その反面、居住区が狭くなり、ディーゼル発電機

▲前甲板のA砲塔、そして背後にそびえ立つ三脚式前檣（マスト）が印象的なドレッドノートの一葉。三脚楼の各支筒の内部には梯子があり、檣楼へ上れた。（NMRN）

▼給炭作業中のドレッドノート。石炭積み込みは当時の艦艇にとって重要な任務のひとつであったが、特に人力ホイストを使用した場合、大変な汚れ仕事となり、終了後に艦の清掃が必要になることも多かった。（NMRN）

▲1909年、テムズ川河口におけるHMSベレロフォン。甲板天幕のすぐ上に見える2ヵ所の探照灯台に注意。

や冷房設備、水圧ポンプ用機関などの艦の重要機器の振動や作動音に士官がさらされることとなった。そのため海軍内にはこの配置に眉をあげる者もかなりいたようだ。

　士官の個室は長官用の豪華な寝室——これには食事室、公室、そして完全個人用浴室も併設されていた——から、下級士官用の主甲板中央部の左右舷側にずらりと並んだ寝室や、舷側砲塔に挟まれた区画の寝室まで多岐にわたっていた。居住区の窮屈さに下級士官は自分が隙間や隅っこに詰め込まれたと感じたかもしれない。平均的な士官寝室の調度は、下部収納つきの寝棚、洗面台と瓶収納棚、小型本棚に机とイスが各1台だった。これはそこかしこに吊られたハンモックという兵員居住区の簡素さからは確かに格上であり、多くの士官は当然ながら「快適」と感じていたことが、ライオネル・ドーソンというある海軍大尉の回想録からうかがえる。

　それまでの居住区といえば狭くて窮屈で、さらに艦尾側にあったので艦内業務にこの上なく不便だった。彼女は士官居住区の大部分が前部にある最初の戦艦だった。それが優れているのかの実績はまったくなかった。各寝室は小さく、艦内の部屋を設けられるありとあらゆる隙間にびっしり配置されていた。私の最初の寝室は居住区後部にあり、生活するにはとんでもない場所だった。士官用浴室に行くには艦の全長の半分も歩かねばならなかった。二番目のは艦首側で、錨鎖と艦前半部の非常用補助照明への給電用のディーゼル発電機に取り囲まれており、運転時には振動がひどく、近くで暮らすのは辛かった。艦首側には素敵な士官室があった。とても明るく広々としていて、上甲板にあった。長官用の諸室はその下の甲板にあり、やはり素晴らしかった。

　　　　　　ドーソン、艇隊群：危険手当物語

　ドーソンの所見は士官居住区の配置問題に新たな一石を投じるもので、まとまりなく配置されていたという印象を受ける。上甲板および主甲板にあった上記以外の重要な諸室としては、禁固室、病室、治療室、機関科事務室、従軍司祭寝室、主計官寝室、軍楽隊楽器室などがあった。

　艦内の下層に進むにつれ、居住区から格納庫、機関および兵装関係へと着実に用途が移り変わっていくのがわかる。中甲板は後方に下士官寝室などの居住区があるものの、より実務的な空間が増大している。さまざまな格納庫——塗料、整備用資機材、予備機械部品、糧食（中甲板と下甲板には冷房設備がある）、錨鎖、潜水具、砲関係工具、そして機関員と武器係用の工場（および付属する多数の浴室）が設けられていた。A砲塔の右側前方には海図経線儀室があり、その隣が魚雷格納所の後部扉だった。また12ポンド砲用の設備や揚弾機もあった。石炭庫は左右舷側の大部分に配置されていた。

　下甲板と最下甲板まで下りると、機関関連と戦闘用の設備ばかりが目立つようになる。これらの甲板には2個の缶室と船体後半の機械室という3個の大空間があり、缶室の上には発電機室が位置していた。これらの甲板は水線下にあるため、弾薬の格納と取扱いもその主な用途だった。上甲板には12インチおよび12ポンド砲用の弾薬の作業所があり、それに付随する揚弾薬機に加え、魚雷格納所があった。最下甲板には4門の魚雷発射管（2門が船体後部、2門が船体前部）とそれを収める発射管室（発射管は艦尾真後ろ方向にも1門あった）、さらに12インチ砲と12ポンド砲用の火薬庫、さらに船体の長手方向に4ヵ所、コルダイト装薬の薬嚢用気密格納庫があった。ここには小火器用の弾薬庫もあった。

　最後が船体の底、船殻である。ここは缶室と機械室の最下部で、後者からは4本のプロペラ軸ハウジング

が伸びていた。やはりここにも弾薬庫と弾薬取扱用設備があり、12インチおよび12ポンド砲用の下部火薬庫と各砲塔用の弾庫に加え、対潜機雷格納庫までもが設けられていた。船艙はそれだけではなく、オリーブ油、小麦粉、パンなどの腐敗性食品の貯蔵にも利用されていた。

　これで、1907年の就役直後のドレッドノートの艦内ツアーは終わりである。もちろんこの艦容は彼女の生涯が始まったばかりの頃のものであり、その後も時勢に遅れず、戦闘に耐えうるよう、絶えず改良や装備の追加、改正などを施され続けたことだろう。そうした改修を順々に列記するよりも、ド級戦艦と超ド級戦艦が艦種としてどのように進化を遂げていったのかを知るほうが歴史的な意義は大きいだろう。

ベレロフォンからヴァンガードまで
From Bellerophon to Vanguard

　先述したとおり、ドレッドノート出現後も引き続き戦略的優位を保つためには、ド級戦艦を急ピッチで建造しなければならないとイギリス海軍本部は考えていた。こうしてド級戦艦として最初の級が出現した。これがベレロフォン級である。ドレッドノートから改良された点はごくわずかだったが、緩慢ながら変化は起こり始めていた。ドレッドノートには第1煙突からの

煤煙が前部マスト周辺にまとわりつき、何よりも重要な檣楼からの視界を妨げて、測距と射撃管制に支障をきたすという問題があった。このため、ベレロフォン級では三脚式前檣を煙突の後方から前方に移すこととなったが、煤煙問題はあまり改善されなかった。

　また、本級の装甲はドレッドノートよりもやや薄めで、水線帯まわりの最大厚は254mmとなっていた。防御力を補うため、ベレロフォン級では船体全体に水密隔壁を設けた。ドレッドノートで浸水対策が施されていたのは各火薬庫だけだった。しかし最も興味深い変化は4インチ速射砲16門という強力な副砲が搭載されたことだった。ただし、その後12インチ砲塔上に設置されたものが撤去されたため、その数は減った。確かにその位置では使い物にならなかっただろう。

　1906〜7年にかけて、ベレロフォン級戦艦は3隻が起工、建造された。ベレロフォン、シュパーブ、テメレーアである。この3隻に続き、すぐさまセント・ヴィンセント級のコリンウッド、セント・ヴィンセント、ヴァンガードの3隻が、1908年11月7日から1909年2月22日にかけて進水し、全艦が1910年4月までに竣工、就役した。これらの艦が1907年2月から1908年4月までに起工されたことを考えれば、イギリスの造船所が全力を挙げて驚異的なスピードでド級戦艦を建造していたのは明らかである。建造に携わった主な造船所は、ポーツマス工廠、デヴォンポート工廠、バロー＝イン＝ファーネスとタインサイド都市圏エルズウィックの

▼図のイタリア海軍ド級戦艦アンドレア・ドーリア級は、アンドレア・ドーリアとカイオ・ドゥイリオの2隻からなっていた。1913年に進水したアンドレア・ドーリアが除籍されたのは何と1956年のことだった。

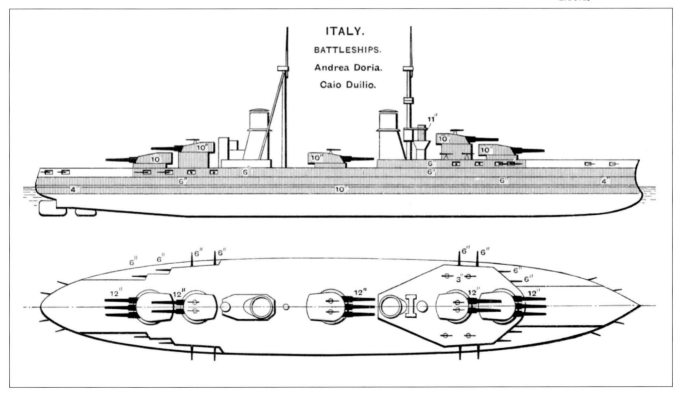

ITALY.
BATTLESHIPS.
Andrea Doria.
Caio Duilio.

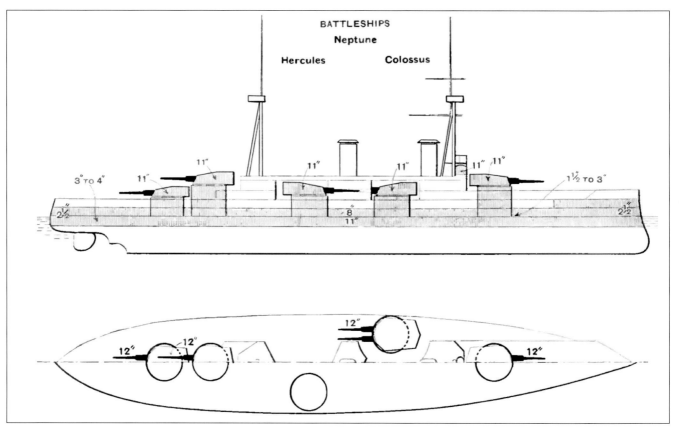

BATTLESHIPS
Neptune
Hercules   Colossus

▲コロッサス級ド級戦艦の設計原案図。これにより、舷側砲塔式であっても全砲を一舷方向へ向けて射撃が可能な砲塔配置がわかる。

ヴィッカース工廠だった。

　セント・ヴィンセント級は前級のド級戦艦をほぼ踏襲していたが、重要な変化がいくつかあった。最大の変化は兵装である。主砲が前級のド級戦艦の45口径Mk X砲から50口径Mk XI砲に変更されたが、この新型砲は砲口初速が向上したため、理論的には射程が伸び、弾道が低進するはずだった。ところが、第3章でも後述するが、これらの利点は完全には実現しなかった。さらに砲身長が伸び、重量が増えたため、船体長を約3m長くすることになったが（これで全長は163.4mになった）、全幅の拡大はわずかで、喫水は少し浅くなった。またベレロフォン級は排水量が1万8,600トンだったが、セント・ヴィンセント級は1万9,700トン（常備排水量）だった。船体重量が増加したのは主兵装の改良だけではなく、4インチ速射砲がさらに4門追加されて計20門になったせいでもあった。そのうちA砲塔およびB砲塔の天蓋上にあった2門は1916年までに撤去された。

　ドレッドノートに続くベレロフォン級とセント・ヴィンセント級は、イギリスの新型戦艦の全体設計に大きな変化をほとんどもたらさなかった。そのため特に兵装の配置設計に盲点が潜んでいた。アメリカが建造したド級戦艦サウスカロライナ級にイギリスは注目

していた。同級のネームシップであるこの艦は1906年12月18日に起工され、1910年3月1日に竣工した。サウスカロライナで真に特徴的だったのは艦首尾で主砲塔を背負い式に装備した点で、各組の船体中央側の砲塔は一段高く設置されており、前方に配置された砲塔の上から直接射撃できた。この搭載法は造艦整備局長ワシントン・L・キャップスが考案したもので、戦艦の火力を一変させた。それは設計上必要なスペースを減少させただけでなく、同時に真正面と真後ろの敵と4門の砲（サウスカロライナは12インチ砲8門を連装砲塔に装備していた）で直接交戦することも、全8門を一舷指向させて全門射撃することも可能にしたのだった。

ネプチューンとコロッサス級
Neptune and the Colossus class

　イギリスはアメリカ戦艦サウスカロライナに注目し、強い関心を抱いたが、まずはHMSネプチューンを設計して進水させただけだった。実はイギリスはすでに背負い式砲塔を搭載した戦艦の建造を数隻経験していた。アルゼンチンの海軍力増強に対抗するためブ

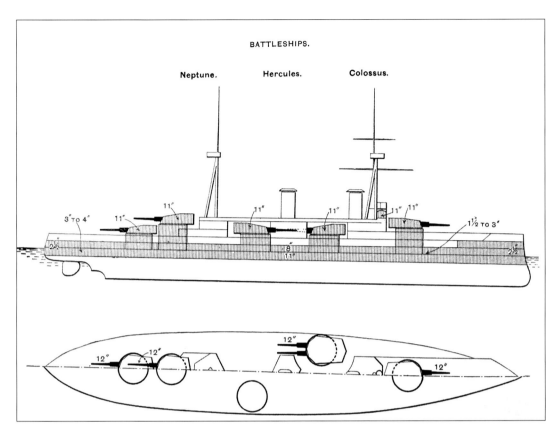

BATTLESHIPS.

Neptune.　　　Hercules.　　　Colossus.

◀「海軍年鑑1913」に掲載されたネプチューンとコロッサス級の図面。全10門での一舷射撃が可能な砲塔配置がわかる。

ラジルが発注していた2隻のド級戦艦は、艦首尾に背負い式砲塔を装備し、さらに従来のイギリス製ド級戦艦方式の舷側砲塔も搭載していた。これらの艦を受注したのはアームストロング社とヴィッカース社で、それによりイギリスは背負い式配置の技術知識を獲得し、その後ネプチューンに採用したのである。

　ネプチューンは1909年1月19日に起工され、1909年9月30日に進水、1911年1月に竣工した。主砲配置とそれに対応した上部構造物の設計は大きく変化していた。連装砲塔に装備された10門の12インチ砲は、艦首に砲塔1基が、艦尾には2基が背負い式に搭載されていた。しかしイギリスは旋回角度に制限があった舷側砲塔にも一工夫することにした。ネプチューンでは舷側砲塔を前後にずらして配置し、艦橋甲板を一段高くすることで、その下の隙間を利用して左舷砲塔を旋回させて右舷側の目標を直接射撃できるようになっており、右舷砲塔も同様に左舷へ指向できるようになっていた。これにより、標的が真横にいた場合、10門すべてを同時に単一目標に対して射撃することが可能になった。

　だがネプチューンは実のところ失敗作だった。確かに理論上では、本艦は当時洋上に存在したあらゆる戦艦よりも強力な舷側火力を有していたが、舷側砲塔を甲板越しに射撃すれば上構の損傷は避けられなかっ

た。しかし、ネプチューンにも確実に進歩していた点がいくつかあった。本艦には4基の巡航用タービンが搭載されたため、低速域での運動力と経済性が向上しており、水線下の装甲も強化されていた。また後年、ネプチューンは射撃指揮装置を前檣楼の下に設けられたプラットフォームに装備した史上初の戦艦ともなった。さらに本艦は第1煙突からの煤煙で檣楼からの視界が妨げられる問題に、傾斜したカウルを取り付けることで対処していた。

　ネプチューンに続いてイギリスで建造されたド級戦艦がコロッサス級で、コロッサス（1911年7月竣工）

▼この断面図から、この時代の戦艦の石炭庫が船体防御でも重要な役割を果たしていたことがわかる。石炭庫は船体内部の重要区画である機関部を覆う盾になっていた。（写真／NMRN）

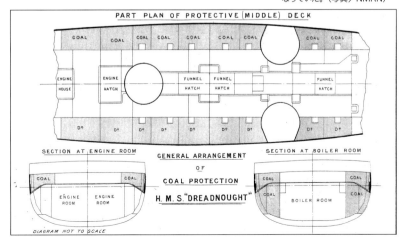

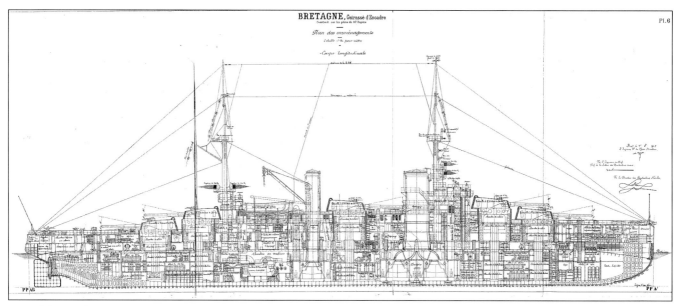

BRETAGNE, Cuirassé d'Escadre

PI.6

▲1912年から1916年にかけて
フランス海軍用に建造された3
隻の超ド級戦艦のネームシップ、
ブルターニュの詳細図。

とハーキュリーズ（1911年8月竣工）の2隻からなっていた。両者は基本的にネプチューンと同じ設計だったが、いくつか小改良があり、ただ、そのすべてが理論に裏打ちされたものではなかったようだ。本級の兵装配置はネプチューンと変わらないが、舷側のP砲塔とQ砲塔が少し接近し、前後の上構からの距離が大きくなっていた。最も目立つ変化は、重量軽減策の一環として前部マストが第1煙突の後方に移動したことだった。残念ながらこれは檣楼まわりの煤煙滞留問題を悪化させただけに終わり、しかも艦橋までもが煙に悩まされることになった。

　コロッサス級には他にも地味な変化がいくつかあった。海軍本部が砲塔周辺の装甲強化を主張したため、艦首尾の装甲帯が切り詰められた。本艦では従来の18インチ〔45.7cm〕魚雷発射管に代わり、21インチ〔53.3cm〕発射管が搭載された。

　本書におけるド級戦艦についての解説はそろそろ終わりとなる。それはイギリス海軍本部が、本章後半で触れる超ド級戦艦へと関心を移しつつあったためである。しかし、まだ正統派ド級戦艦として最後に語るべき艦が1隻残っている。イギリス海軍戦艦HMSエジンコートである。ブラジルとアルゼンチンの軍拡競争が激化したため、ブラジルはリオデジャネイロと命名する予定の第3のド級戦艦をイギリスに発注した。ブラジルが本艦を究極の火力を持つ艦にしようと意図していたのは、12インチ砲14門という強力な兵装からも明らかだった。また何よりも驚かされるのは、その主砲がすべて中心線上に搭載されていた点だった。背負い式砲塔が艦首尾にあり、船体中央部に背中合わせに2基、さらに艦尾にはY砲塔と上構との間にもう1基が

設けられていた。全長204.7m、満載排水量3万2,000トン超というリオデジャネイロは、いかなる艦隊も手にしたことのない強力な艦になるはずだったが、ある事情によりイギリス艦隊のものとなる。本艦がアームストロング・ホイットワース造船所から出さえしないうちに、財政問題のためブラジルはトルコ政府に売却せざるをえなくなってしまった。そして、1914年の第一次世界大戦の勃発。イギリスでは本艦を将来敵になりそうな国に引き渡すべきかどうかという議論が高まった。やがてトルコの参戦が現実化するとイギリス海軍籍に入れられ、エジンコートとなったのである。

超ド級戦艦
The super dreadnoughts

　超ド級戦艦と定義される設計上の主要条件のひとつが、新型のより大口径な13.5インチ〔34.3cm〕砲の搭載だったことは確かである。すでに背負い式砲塔が実証済みだったため、すべての超ド級戦艦は主砲を中心線上に配置していた。舷側への主砲配置は必ず安定性に悪影響をもたらしたからである。

　最初の超ド級戦艦はコンカラー、モナーク、オライオン、サンダラーの4隻からなるオライオン級だった。これらの艦の主砲配置は、艦首尾に背負い式連装砲塔を各2基、短艇甲板直後の船体中央部に1基というもので、最大一舷射撃門数は10門となった。本艦は排水量2万2,500トンとそれまでのド級戦艦よりも重かったが、重量が増大したのは主砲のためだけではなかった。装甲防御も強化され、舷側装甲は水線下を船

体底辺まで覆い、最大厚も305mmに達した。前部マストは第1煙突後方のままであったが、砲戦における重要性が増すにつれ、より多くの装備がこの前檣楼に設置された。また、煤煙問題改善のためマストと煙突の両方に、特に大戦中に改良が多数加えられた。

オライオン級の主砲配置は、続いて建造された2級の超ド級戦艦、キング・ジョージ5世級のキング・ジョージ5世、センチュリオン、オーディシャス、エイジャックスと、アイアン・デューク級のアイアン・デューク、マールバラ、ベンボウ、エンペラー・オブ・インディアでも踏襲されたが、より性能を向上させるため、設計が少々手直しされていた。まず船体サイズが少し拡大され、全長が182.1m、全幅が27.1mとなった。より目立つ変化は副砲と前檣に関するものだった。キング・ジョージ5世級の各艦は4インチ単装速射砲を16門搭載していた。うち12門が船体前半部に集中されていたが、これは水雷艇による攻撃を撃退するには後方火力よりも前方火力がはるかに重要であることが戦訓により判明したためだった。各4インチ砲座には76mmの装甲防御が施された。このキング・ジョージ5世級では前部マストも第1煙突の前方に設けられ、はるかに好ましい配置となった。

アイアン・デューク級の4隻は1911年の建艦計画の一環として1912年1月から5月に起工され、1913年の冬に就役した。単一巨砲搭載艦の思想が廃れ始めていたため、こちらも副砲が前級から大きく変化していた。アイアン・デューク級戦艦は6インチMk VII BL砲を12門、単装砲架に搭載していたが、やはりその大半が前方に集中されていた。しかし従来の艦とは異なり、この6インチ砲は主甲板よりも下に位置し、船体から突き出しており、2門がY砲塔下の屈折面の凹みに設けられていた（コンスタム、英国戦艦1914〜18、超ド級戦艦、2013、P.14）。荒天時に砲座が浸水するという問題はおそらく予想されていたらしく、ほとんどの砲座に浸水防止設備が設けられ、またY砲塔下の砲

▲1914年、防雷網を装備せずにポーツマスから出航するイギリス海軍戦艦HMSアイアン・デューク。

は艦橋の下部に移設された。

このアイアン・デューク級もやはり以前の級よりも大型で、全長は189.8m、全幅は27.4mだった。大型の檣楼指揮所が設けられた三脚式前部マストはさらに重く巨大になったが、煤煙問題は改善され、煙突自体も細身の形状に再設計された。

オライオン級、キング・ジョージ5世級、アイアン・デューク級は順調に進化を続けていたが、超ド級戦艦が未来へ向けて大きな飛躍を遂げたのはクイーン・エリザベス級だった。同級は諸外国が13.5インチを超える口径の主砲搭載を計画しているという報告に対する回答として建造された。さらに推進機関の改良により、次世代のイギリス艦の高速化が確実になった。こうしてサー・フィリップ・ワッツとそのチームは再び仕事に取りかかったが、今回の目標は15インチ〔38.1cm〕砲を主兵装とすることだった。これはワッツが設計する最後の、そして間違いなく最高のドレッドノート級戦艦となるはずだった。

クイーン・エリザベス級の建造は1912年10月に始

▼1918年、本拠地とも言うべきスカパ・フローに停泊するイギリス海軍の主力艦たち。右手前がHMSエジンコート。（写真／U.S.Navy）

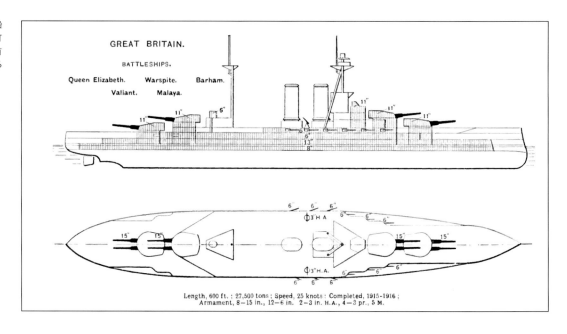

▶クイーン・エリザベス級は船
体中央砲塔の時代に終止符を打
ち、以後建造される戦艦は艦首
尾に砲塔を背負い式に配置する
設計が標準となった。

GREAT BRITAIN.

BATTLESHIPS.

Queen Elizabeth.　Warspite.　Barham.
Valiant.　Malaya.

Length, 600 ft. ; 27,500 tons ; Speed, 25 knots ; Completed, 1915-1916 ;
Armament, 8-15 in., 12-6 in.　2-3 in. H.A., 4-3 pr., 5 M.

まり、1916年2月に終わった。本級における多くの変
化のうち、最大のものは15インチ砲を8門、艦首尾の
背負い式砲塔各2基に搭載したことだった。構想段階
では真剣に検討されたものの、これ以外の主砲を船
体中央部に設けることはなかった。砲門数の減少は、
口径拡大により発射できる砲弾重量が増大するため、
まったく問題なしとされた。副砲は船体部に設置され
た6インチ砲16門だったが、艦尾に位置した4門は絶
えず海水をかぶることが判明したため撤去された。

　結果、クイーン・エリザベス級戦艦は際立った火力
の向上を果たした。注目すべき変化はそれに留まらな
かった。本級は英海軍で初めて石油専焼機関を導入し、
石炭をまったく必要としない艦となった。機関は2区
画に配置され、各系統は防禦隔壁で仕切られていた。
4軸のうち外側の2軸が高圧タービンで、内側の2軸が
低圧タービンで駆動された。燃料の石油は缶室に隣接
する高さが9mもある大型燃料庫に入っていた。
　クイーン・エリザベスは新たな艦種である「高速戦

艦」の最初の艦だった。本級の最大速力は23ノット
だった。強力な火力と高速力をもつこれらの艦の起工
は、伝説のワッツ卿の後任として新たに海軍造船局長
に就任したユースタス・テニスン・ダインコートにとっ
て大きな挑戦だった。1913年に予算見積のため、15
インチ砲を10門も搭載する次世代型戦艦を要求して
きたイギリス海軍本部への対応をダインコートは迫ら
れた。ダインコートはこの設計を連装砲塔5基とする
か、または三連装砲塔を併用するかなど、さまざまな
角度から検討したが、艦の排水量と全体安定性に与え
る悪影響を危惧し、その要求に全般的に反対した。こ
うして最終的にロイヤル・サヴリン、ラミリーズ、レ
ゾリューション、リヴェンジ、ロイヤル・オークの5
隻からなるロイヤル・サヴリン級は、8門の主砲を4
基の砲塔に装備する設計となった。
　これらの艦はさまざまな重要な点で前級とは異なっ
ていた。まず船体規模がコンパクト化されていた。ロ
イヤル・サヴリン級の全長は約189mと、クイーン・
エリザベス級よりも6m以上も短かったが、排水量は
ほぼ同じだった。艦の重量は船体中央部を水線部から
底辺まで覆う330mmの均一装甲帯により増加した。ク
イーン・エリザベス級にも330mmの装甲部はあったが、
厚みが漸減する設計で、水線直下では203mmにまで減
少していた。ロイヤル・サヴリン級では水線下に「魚
雷バルジ」も取り付けられていた。これは船体側面
に設けられた防御用の膨らみで、長さ約67m、厚さ
2.21mだった。各バルジは水密区画と中空管が密に詰
まった部分から構成されていた。全体構造は魚雷や機
雷の爆発による衝撃を吸収し、主船殻に被害が及びに
くいように設計されていた。魚雷バルジは初期設計に

▼射撃演習で15インチ砲を撃
つイギリス海軍戦艦HMSロイヤ
ル・サヴリン。爆煙の量と、爆
風により起きた波に注意。

は含まれていなかったが、海軍による実験で有効性が認められたため、建造中に追加された（ただしリヴェンジとレゾリューションには内部に管のない改良型の防御バルジが装備された）。

ロイヤル・サヴリン級には他にも注目すべき特徴があり、当時一部の者が侮蔑的に貼っていた「クイーン・エリザベス級の廉価版」というレッテルはまったく不適当な評価だった。以前の諸級で問題になった砲座浸水問題を避けるため、14門の6インチ副砲は船体中央部寄りに移動されており、また船体重心が低くされ、正確な射撃に必要な安定性が増していた。上構で注目すべき特徴は煙突が1本のみになった点で、高くなった檣楼は煤煙の影響範囲から充分に離れていた。

さて、ド級戦艦と超ド級戦艦についての概説を終える前に、触れておかなければならない艦がもう2隻ほどある。イギリス海軍戦艦HMSエリンとHMSカナダである。

戦艦エリンは第一次世界大戦の開戦直前、ヴィッカース社とトルコ政府との民間契約により起工されたもの。当初の艦名はレシャド5世で、その後1913年からレシャディエとされたが、トルコが中央同盟に加わったため、1914年8月に最終的にエリンとなったのである。

エリンは特筆すべき艦で、オライオン級に似ていたが、わずかに小型であった。その主兵装は13.5インチ〔34.3cm〕砲10門と非常に強力であり、艦首尾に背負い式に砲塔2基ずつを、さらにもう1基を船体中央の中心線上に搭載していた。副砲も6インチ砲16門と極めて重武装の戦艦だった。当初は三脚マストを2基設ける予定だったが、構造規模が縮小され、前部の大型三脚マスト1基に、無線空中線展張用の棒状後部マストとされた。しかしイギリス海軍に編入された時点ではこの後部マストも完全に無くなり、近接配置された2本の煙突の前に三脚式前部マストが1基あるだけになっていた。エリンに対する乗員からの評判は賛否両論だったが、居住区の設計が士官用、兵員用ともいずれも窮屈だったものの、実用的かつ高速で強力な英海軍の新戦力だった。

カナダも民間契約で建造されてからイギリス海軍に買い入れられた艦だった。元々の発注者は南米での建艦競争で後れを取るまいと努力していたチリだったが、その熾烈さは大西洋を挟んだヨーロッパとまったく同様だった。英国の造船所で建造中だったチリ海軍

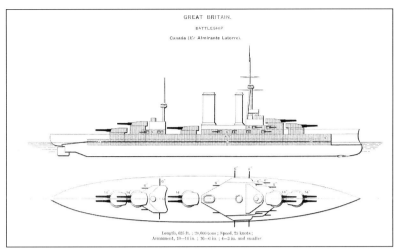

GREAT BRITAIN.
BATTLESHIP
Canada (Ex Almirante Latorre).

Length, 625 ft. ; 28,000 tons ; Speed, 23 knots.
Armament, 10—14 in. ; 16—6 in. ; 4—3 in. and smaller

▲1915年のイギリス海軍戦艦HMSカナダを表した図で、6インチ砲が前部上構周辺に集中配置されているのがわかる。

の2隻のド級戦艦の片割れだった本艦は、アルミランテ・ラトーレという名だった。2隻のうち、1914年の開戦時に竣工していた本艦のみがイギリス海軍に購入されることとなる。エリン同様、カナダも打撃力が強力だった。主兵装は14インチ〔35.6cm〕砲10門で（第一次世界大戦中、14インチ砲を装備していた唯一のイギリス戦艦である）、さらに副砲として6インチ砲16門を搭載していた。ただし装甲は当時の超ド級戦艦に比べると見劣りがした。

ロイヤル・サヴリン級は超ド級戦艦として建造された最後の級となった。海戦の様相が変化したことにより、戦艦という艦種自体の未来までもが変わってしまったからである。とはいえ高速で重武装の軍艦を作り上げるという設計上の最優先目標に関しては、ド級戦艦と超ド級戦艦は成功を収めたのだった。

▶13.5インチ〔34.3cm〕砲を装備する超ド級戦艦HMSエリンは本来トルコ向けに建造された艦だったが、戦時調達によりイギリス海軍に編入された。この写真で主砲配置や、後部マストが設けられていない様子がよくわかる。

第3章

砲熕兵装

Firepower

ド級戦艦の存在理由はその圧倒的な火力だった。しかし、これは単なる主砲口径、射程、破壊力だけを意味していない。ド級戦艦の砲熕兵装に不可欠だったのは、機敏で効率的かつ正確な射撃管制システムだった。

◀ 主砲の12インチ砲身にちょこんと乗っているのは、HMSドレッドノートの甲板を闊歩していた数匹のペットのうちの1匹「トーゴー」。（写真／NMRN）

▲ドレッドノートの後部に位置するX砲塔、Y砲塔による射撃風景。写真ではまだ砲塔天蓋に12ポンド砲が設置されているが、これらはその後に撤去された。（写真／NMRN）

▼射撃試験で発砲するドレッドノートのX砲塔。戦艦の射撃指揮所が統合され、次第に高い位置へと移されていった最大の理由は、この砲煙による視界不良を克服するためだった。（写真／NMRN）

となったが、小型の火砲、特にやはり19世紀に大進歩を遂げた金属薬莢式の弾薬を使用した砲では、尾栓がスライドする鎖栓式がより一般的だった。

　もちろん、大砲の装填と発砲はひとつの問題でしかなく、砲を正確な方位と仰角へ素早く、かつ滑らかに向けることはそれとはまったく別の問題だった。さらにドレッドノートの起工時までに砲架も大きな発展を遂げていた。18世紀の最後期に発明された水圧制御技術は当初、工場用の機械に使用されていたが、19世紀後半に艦載砲の機構に導入され、スムーズで静粛な信頼性の高い砲指向装置が開発された。圧力媒体は真水（機種によっては圧力媒体の急激喪失時に海水を注入することも可能だった）、またはオイルだったが、イギリスの艦砲では水が主流だった。水圧制御は戦闘時に求められる迅速な上下左右の砲指向運動にも適しており、特に海軍砲術における画期的発明、機械式射撃指揮装置から繰り返し与えられる照準変更指示に対して持久力が高かった。

　また砲員の防御という問題もあった。副砲は露天式の甲板砲であるケースもあったが、主砲とその要員はあまりにも重要なので無防備というわけにはいかなかった。そのため、砲塔とバーベットが発達したのだった（両者の違いについてはP.55のコラム「砲塔とバーベット」で解説する）。19世紀中盤から大砲は甲板上または船体構造内に設けられた砲塔／バーベットに設置されることが多くなった。1870年代以降は連装砲塔も一般的になった。

　水圧駆動式の砲塔やバーベット、そして砲架に後装砲と砲弾自体の絶え間ない技術的改良が加わったことにより、ド級戦艦と超ド級戦艦の強力な火力が生み出され、彼らが海原に波涛を蹴立てるように、その砲は世界政治を根幹から揺るがしたのだった。

　ド級戦艦という構想が実現化したのは、何といっても20世紀初頭までに大きな進化を遂げていた艦載砲の存在と射撃管制技術の向上だった。

　なかでも最も決定的だったのが、19世紀中盤に艦載砲に導入された有効な砲尾装填機構だった。後装砲は強力な装薬が装填できるだけでなく、前装砲のように装填のためにいったん砲を艦内へ引き込む必要がないので、砲身も長くすることができた。砲身が長くなれば砲口初速が上がり、甲鉄艦が相手だった時代には決定的な要素だった射程、貫徹力、砲弾重量が増大した。発展の鍵となった重要な進歩が1845年頃フランスで発明された隔螺式閉鎖機構で、装填速度が上がったのに加え、薬室の肉厚が充分ならば発射時の強力な爆圧に耐えられる確実な閉鎖方式だった。隔螺式は重砲の閉鎖機構の主流のひとつ（ただし唯一ではない）

12インチ主砲とその砲架
12in main guns and mounts

　ドレッドノートやベレロフォン級（さらには前級の前ド級戦艦ロード・ネルソン級や、同時代の巡洋戦艦インヴィンシブル級、インディファティガブル級でも）の甲板に鎮座していた主砲がBL（砲尾装填式）12インチ〔30.5cm〕Mk X 45口径砲だった。この砲は全長14.16m、重量56トンという巨大な兵器だった。閉鎖機は隔螺型のウェリン式で、砲身は鋼線式構造、すなわち砲腔となる施条のある内筒に鋼製の帯を張力を変えながら何重にも巻きつけて製造したものだった。鋼線式砲身は円周方向の強度が高くなるため、当時多くの海軍工廠が採用していた製造法だった。アメリカ

砲塔とバーベット
TURRET AND BARBETTE

砲塔とバーベットとを区別するのは難しい。

少なくとも外観上、水密構造であるかどうかが両者の相違点なのだが、それがさまざまな意味で不明瞭なのが紛らわしさの要因である。基本的にバーベットとは固定式の装甲リングであり、その内側に設置されている砲が旋回するもの。それに対し砲塔は完全に装甲された筐体であり、全体が砲と一体で旋回するものである。バーベットの利点は砲塔ほど旋回装置に出力が必要ないことである。しかし、バーベットは砲塔より防御力が高くないものが多かった。それでも19世紀末にはバーベットの設計は、砲と一緒に旋回する密閉式の装甲フード「砲室（ガンハウス）」が設けられたことで改良された。この形式の構造物がやがて砲塔と呼ばれるようになった。厳密に言えばドレッドノートが装備していたのはバーベットだが、用語的にわかりやすいので本書では砲塔と呼んでいる。

▲弾庫と火薬庫に囲まれて揚弾筒があり、これが砲塔の換装室へ弾薬を供給するという構造配置がよくわかる断面図。（写真／NMRN）

をはじめとする一部の国では鍛造鋼を積層する焼嵌式構造を採用しており、長手方向の強度が高くなるこの製造法ならば鋼線式砲の損耗時にしばしば発生した自重弯曲が起こりにくいとアメリカ人は考えていた。Mk X砲には砲弾が30口径あたり1回転する施条が刻まれていた。386kgの砲弾を射ち出すのは117kgのコルダイトMDの薬嚢で、砲口初速は約853m/s、最大射程は1万5,000mだった。

ドレッドノートではMk X砲はBVIII（ヴィッカース）型砲架に装備されていた。射撃指揮所から指示を受けると、砲弾とコルダイト薬嚢が弾庫と火薬庫から中央揚弾筒内の揚弾薬機で砲塔へと揚げられる。砲弾と薬嚢は各砲身に付属する装填盤に移されてから、開放された砲尾に水圧装置で押し込まれ、尾栓が閉じられる。射撃管制システムの効率にもよるが、動力化により発射速度は毎分2発ほどになった。

12インチ砲はベレロフォン級、セント・ヴィンセント級、コロッサス級に加え、同型艦のないネプチューン、エジンコートといったド級戦艦共通の主力兵装だった。口径はそのままでも、砲と砲架には細かい改良がなされ、またネプチューンとセント・ヴィンセント級、コロッサス級が採用したMk XI砲では砲身長が50口径にされ、砲身延長により砲口初速が高まり、射程が1万9,200mに伸びた。この砲は重薬嚢（139kg）も使用できた。これらの艦のMk XI砲用の砲架はすべてBXI型だったが、ハーキュリーズだけはBXII型砲架

だった。これらの砲架は斜盤式旋回機関で駆動され、運動がより円滑かつ確実になり、その結果戦闘時の射撃指揮も容易になった。

さらに大口径な砲に移る前に、エジンコートに搭載された12インチ砲についても触れるべきだろう。砲は45口径のMk XIIIで、エルズウィック社製の専用砲架に装備されていた。

第1章と第2章で述べたとおり、ド級戦艦の12インチ砲は、新世代の超ド級戦艦に搭載されたものより大

▼ドレッドノートのX砲塔の下に集合した士官と水兵たち。砲塔天蓋の12ポンド砲は固定砲架に装備されていたが、この砲架には旋回制止機構がなかった。（NMRN）

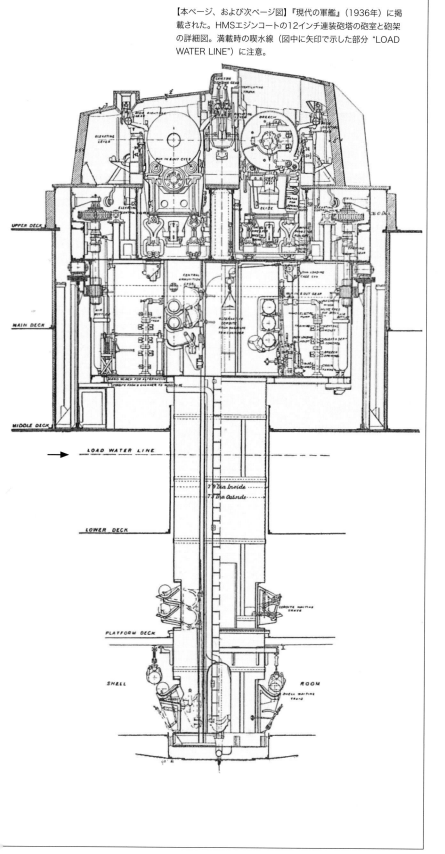

【本ページ、および次ページ図】『現代の軍艦』(1936年) に掲載された。HMSエジンコートの12インチ連装砲塔の砲室と砲架の詳細図。満載時の喫水線 (図中に矢印で示した部分 "LOAD WATER LINE") に注意。

口径で破壊力の高い砲にたちまちにして取って代わられた。ピーター・ホッジスは著書『巨砲：戦艦の主砲1860〜1945』で、ドレッドノートの時代における12インチ砲の問題について以下のように説明している。

　12インチ砲の時代、砲架の俯仰と旋回を滑らかに制御するという問題は非常に困難だった。1本レバー式の制御リンケージはガタがひどく、のちの各級では廃止され、手輪式が主流になった。旧式の三気筒首振り式旋回機関はエルズウィック式の六気筒機関にすぐに取って代わられたが、効率的な斜盤機構と耐久性の高い制御弁の登場により、ようやく「優美な」制御が実現された。

　こうした機械的な進歩は果てしないド級戦艦の射撃システムの改良強化の一部にすぎず、反省点の検討が続けられた。その実情がドレッドノートの試験航海後に提出された、合計39項目にも及ぶ「砲煩兵装の要改善点」と題された長い章を含む報告書に示されている。どのような問題が発生していたのかを知るため、その抜粋を引用したい。

25) 12インチ砲の俯仰装置には改良が必要である。
27) 現状、12インチ砲用照準器はいずれかの12インチ砲が装塡中である時、激しく振動するため、装塡作業中の砲の照準は完全に不可能である。望遠鏡スリーブを支持する鋼製棒より下の接続部では振動が見られないため、この棒をより強固にすることで改善されると思われる。
29) 射撃管制兼発砲用スイッチ盤はX区画から撤去し、換装室に近いA区画に設置すれば、温度が下がり洋上での結露が減少するであろう。
31) 直径約2インチ、長さ6フィートの自在吸引管付き小型手動揚水ポンプを1台、砲弾満載時における12インチ弾庫底部の排水用に設置すべきである。現状では排水を行なうには全弾を移動させなければならない。
38) 主発令所は現状位置の直下の甲板、すなわち装甲甲板の下に移動すべきである。
39) A砲塔の砲弾およびコルダイト用の主揚弾薬機の作動速度は向上すべきである。

試験航海報告書、1907

　抜粋したこれらに加え、リストにあった他の諸問題 (ここには未掲載) は、気が重くなる (水びたしの弾庫など) 根深いものだった。これらの問題のいくつかは12インチ砲の発展改良に伴い解決されたが、そうならずに後年の大口径砲まで持ち越されたものもあった。

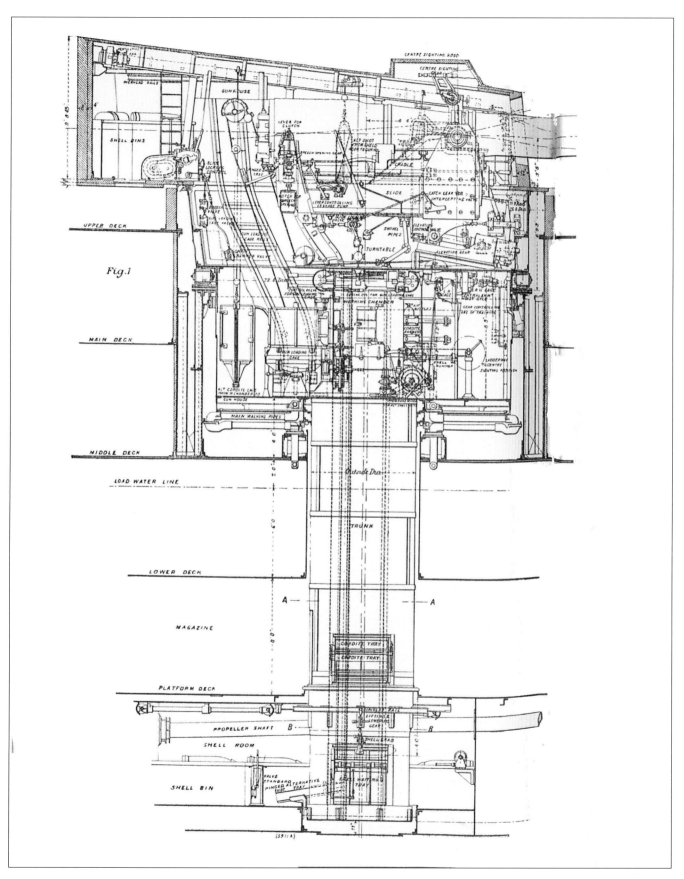

Fig.1

57

▶ドレッドノートの艦後半の主砲と構造物を見る。後部マスト左右の探照灯は夜間射撃で砲と併用された。（写真／NMRN）

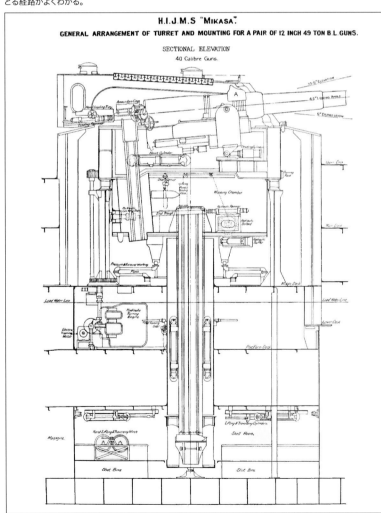

▼イギリスで建造された日本海軍の戦艦三笠のエルズウィック製12インチ砲と関連装置の図解で、弾庫から砲尾まで砲弾がたどる経路がよくわかる。

H.I.J.M.S "MIKASA".
GENERAL ARRANGEMENT OF TURRET AND MOUNTING FOR A PAIR OF 12 INCH 49 TON B.L. GUNS.
SECTIONAL ELEVATION
40 Calibre Guns.

大口径化する主砲とその砲架
Larger-calibre guns and mounts

　12インチを超えるイギリス海軍戦艦初の巨砲が、オライオン級、キング・ジョージ5世級、アイアン・デューク級に搭載された13.5インチ〔34.3cm〕のMk Vであった。これは寸法、重量、そしてポテンシャルにおいて従来の砲を大きく凌ぐもので、砲身長は15.90m、重量は76トンに達した。13.5インチ砲の砲弾重量は弾種により567kgまたは635kgだったが、薬嚢の重量は装薬の改良のおかげでわずか133kgだった。にもかかわらず、この砲はMk XIに比べ射程が1,800mも伸びていた。

　Mk XIと事実上同じ寸法の砲室と揚弾筒に13.5インチ砲（砲身長15.9m）を収めるため、設計に工夫が加えられた。換装室（砲弾の装填準備を行なう区画）内の配置と作業手順が一部変更されたため、揚弾筒内の砲弾とコルダイト用の揚弾薬機の再設計が必要になった。換装室には各門あたり6発の砲弾を置く空間が設けられた一方、砲室内には各門あたり8発を置く場所があった。また砲架には、点火装置への給電用にペルトン水車式タービン発電機を装備するなど、電気機械的な改良も施された。

　戦艦コンカラー、エイジャックス、ベンボウはいずれもMk V 13.5インチ砲を搭載していたが、砲架はヴィッカースやエルズウィック社製ではなく、コヴェントリー・オードナンス・ワークス社製の新型のMk

▶初のド級戦艦ナッサウをはじめとするドイツ海軍のライバル戦艦の概要がわかる『海軍年鑑1913』の興味深い図版。ナッサウの最大舷側火力は28cm砲8門だった。

III砲架を採用していた。

この砲架には従来のものに比べ、以下のような相違点があった。

■俯仰用ピストンとシリンダーの作動機構が異なる（俯仰用シリンダーが全俯仰角度にわたり砲を動かす）。
■七気筒レシプロ式旋回機関（斜盤式でなくなった）の採用。
■砲室側盾が曲面。
■砲弾と薬嚢用の揚弾薬機と装填装置の構造が異なる。

前掲のピーター・ホッジスの著書『巨砲：戦艦の主砲 1860〜1945』のP.64には「コヴェントリー・ワークスによる給弾機構は独特で、おそらくこうした問題での経験を反映したものだった」とある。しかし、13.5インチ砲用砲架の特徴はのちの15インチ砲用砲架にも受け継がれたので、機能的で実用性が高かったのは確かである。

イギリス海軍における口径拡大の次の砲は、同型艦のないHMSカナダに搭載された14インチ〔35.6cm〕砲だった。これが14インチMk I 45口径砲で、Mk I連装砲架に装備された。性能諸元の数値はそれまでの砲に比べ大きく上昇した。砲身長は16.47mに伸び、それに伴い重量も85トンに増加した。砲腔内の施条の転度は変わらず、30口径あたり1回転で、これは12インチ砲や13.5インチ砲とも同じだったが、唯一の違いは口径増大のために施条の数を84本に増やした点だった（13.5インチ砲では68本）。砲口初速は764m/sとわずかに上昇し、最大射程は2万2,200mとなった。

超ド級戦艦の究極の主砲はもちろん15インチ〔38.1cm〕BL Mk I砲で、Mk I連装砲架に装備されていた。この強力な砲の重量は砲尾を含め、100トンだった。2門の砲と砲架構造全体を合わせた重量は何と750トンにも達し、戦艦の総重量に占める兵装の割合の高さが思い知らされる。871kgの砲弾を194kgの四分の一装薬4個（全装薬）で発射する場合、その結果発生する運動エネルギーは8万4,000トンの物体を30cm空中に持ち上げられた。また別の想像力豊かな同時代人は、もし砲口に厚さ130cmの無垢の鋼板を置いても、砲弾

▶アームストロング製14インチ連装砲に装備された苗頭教示装置の詳細図。

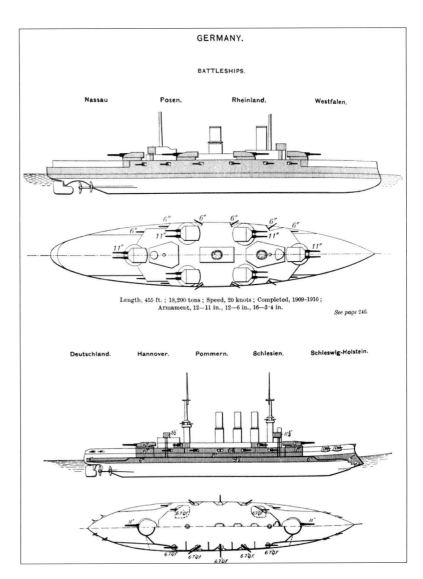

GERMANY.

BATTLESHIPS.

Nassau   Posen.   Rheinland.   Westfalen.

Length, 455 ft. ; 18,200 tons ; Speed, 20 knots ; Completed, 1909–1910 ;
Armament, 12—11 in., 12—6 in., 16—3·4 in.

See page 246.

Deutschland.   Hannover.   Pommern.   Schlesien.   Schleswig-Holstein.

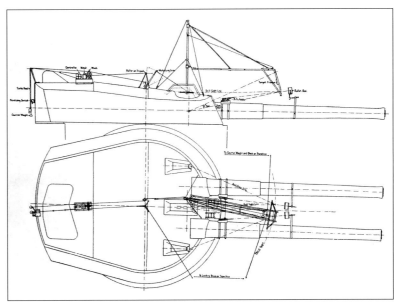

▶効果的な一舷射撃をする方法とは、自艦の全砲門を1隻の目標艦に指向し、決して同時に別の艦を狙おうとしないことだけだった。写真はそうした斉射の光景を伝えるもの。

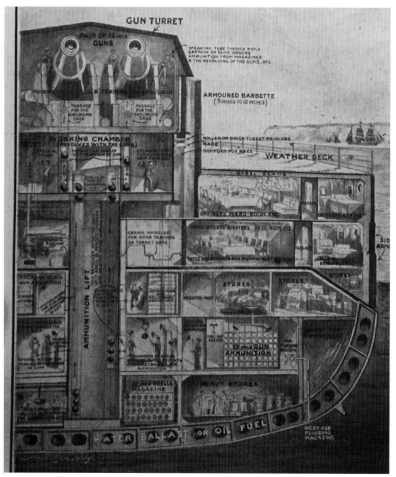

▲人物と比較して、15インチ艦載砲弾がどのくらい大きいのかがよくわかる写真。砲弾重量は約900kgだった。

◀この図解は1920年代の『海軍ワンダーブック（第4版）』に掲載されたもの。船体を輪切りにすることで、主砲の射撃手順と各区画がわかりやすく図示されている。

砲弾装填手順
SHELL-LOADING PROCEDURE

　ド級戦艦と超ド級戦艦は単に主砲口径の大小ということではなく、砲弾と装薬嚢 "コルダイト薬嚢" を弾薬庫から主砲まで運搬する機構に数多くの違いがある。しかし装填作業は原則的に同じである。

　主砲弾である12インチ砲弾は船体のはるか下部、水線下の弾庫に格納されており、これと対をなす装薬嚢はその近く、通常は弾庫の上の火薬庫に格納されていた。弾庫と火薬庫、そして装薬取扱室（装薬を砲塔に送る準備をする部屋）は中央の揚弾筒を取り巻くように配置され、揚弾筒の内部には単一型（イギリス艦の設計ではこちらが主流）、または分離型の運弾薬盤を備えた揚弾薬機があり、真上にある砲塔へ弾薬を吊り上げた。各砲には1本、または1対の揚弾薬機が付属していた。

　砲塔の旋回部のすぐ下には「換装室」があり、砲と揚弾薬機との相対位置を保つため、換装室と揚弾筒も砲塔に合わせて一体で旋回した。また、揚弾筒などの弾薬の運搬経路には防炎扉やハッチが各所に設けられ、弾薬の通過後に閉じられ、艦の上部が被弾しても火炎が甲板／砲塔から火薬庫へ直に届かないようになっていた。換装室の要員は伝声管で下部の弾庫や装薬取扱室の要員と直接話すこともできた。砲弾と装薬嚢は揚弾薬機の運弾薬盤（重い砲弾は水圧式グラブで搭載した）に載せられて装薬取扱室から換装室へ吊り上げられたが、換装室には揚弾筒の水圧装置が何らかの理由により故障した場合に備え、何発かの即応弾薬が置かれていた。

　こうして発砲準備が整うと、砲弾と装薬は装填盤で砲塔へ引き揚げられ、砲尾に位置を合わせてから伸縮式の装填機で押し込まれた。

　そして尾栓が閉鎖され、発砲となるのである。

▲当時の戦艦たちが搭載しはじめた観測気球は、偵察、遠距離目標観測、弾着修正のいずれにも有効な装備だった。

はそれを貫通すると指摘している（もちろんこんな仮定は実験しないでおくのが賢明である）。最大射程は最大仰角の20度で2万1,700m（Mk I砲架の俯仰範囲は+20度から-5度）だった。砲室の装甲も厚く、前盾が330mm、側盾と後盾が279mmで、天蓋が127mmだった。

　ド級戦艦と超ド級戦艦の巨砲は、まさに造艦技術の恐るべき結晶だった。その主砲は単一巨砲搭載戦艦の象徴であるため、最も注目を集める兵器でもあった。だが「単一巨砲搭載艦」というレッテルは、これらの戦艦が主砲以外にも無視できない威力の兵装を各種装備していた以上、もはや妥当ではなかった。

▶射撃演習の準備をするドレッドノートの砲員たち。みな一様に、当時としては標準的だった防護服を着て、防塵眼鏡やマスクを着用している。肩からかけているのは防毒マスク入れのようだ。

▼艤装のための輸送用に特別に
仕立てられた鉄道貨車へ搭載さ
れた15インチ艦載砲。

▶ドレッドノートの12インチ砲一
舷射撃の合計弾量は、弾種にも
よるが3,084kgだった。

▼12インチ砲の砲口から引っ張
り出される砲員。主砲砲身の施条
(ライフリング)の清掃のため、
こうした作業がしばしば行なわれ
た。

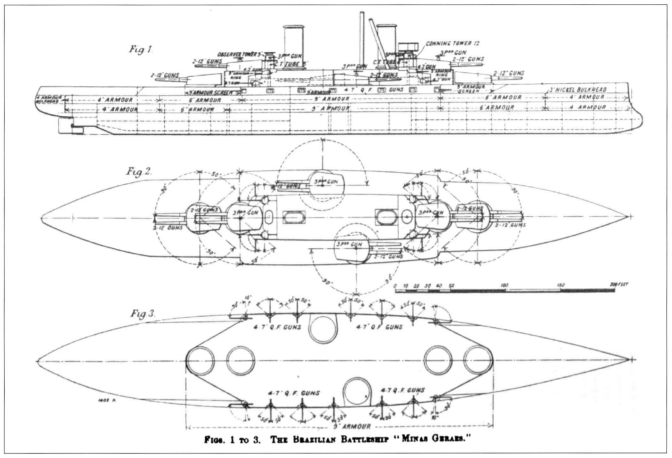

Fig 1.

OBSERVER TOWER 5 CONNING TOWER 12
2-12" GUNS 3 P₀ʳ GUN 3 P₀ʳ GUN
C.T. TUBE 2-12" GUNS
ARMOUR RING 3 P₀ʳ GUN C.T. TUBE
4.7" GUN 4.7" GUN 2-12" GUNS
ARMOUR SCREEN 3 P₀ʳ GUN ARMOUR RING
3" ARMOUR 4.7" Q.F. GUNS ARMOUR SCREEN 3" NICKEL BULKHEAD
4" ARMOUR BULKHEAD 4" ARMOUR 6" ARMOUR 9" ARMOUR 6" ARMOUR 4" ARMOUR
4" ARMOUR 6" ARMOUR 9" ARMOUR 6" ARMOUR 4" ARMOUR

Fig 2.
2-12" GUNS 3 P₀ʳ GUN 3 P₀ʳ GUN
2-12" GUNS 3 P₀ʳ GUN 2-12" GUNS
2-12" GUNS
3 P₀ʳ GUN
2-12" GUNS

0 10 20 30 40 50 100 150 200 FEET

Fig 3.
4.7" Q.F. GUNS 4.7" Q.F. GUNS
4.7" Q.F. GUNS 4.7" Q.F. GUNS
9" ARMOUR

FIGS. 1 TO 3. THE BRAZILIAN BATTLESHIP "MINAS GERAES."

▲12インチ砲を12門搭載した本図のミナス・ジェライスなどの艦をもって、ブラジル政府も単一巨砲搭載ド級戦艦の建艦競争に参入した。

Togo" H.M.S. "Dreadnought's" Pet
in one of her 12" guns.

▶ドレッドノートの12インチ砲の砲口に潜り込んだ船守り猫「トーゴー」。砲身が多層構造になっている様子がよくわかる写真。（写真／NMRN）

▲どんよりした北部地方の空を貫くドレッドノートの探照灯の照射光を情感豊かに描いた石版画。

▼イギリス海軍の前ド級戦艦アガメムノンで撮影された秀逸な一葉で、左の測距儀操作員、右の探照灯要員に挟まれて高射態勢を取る12ポンド砲。

副砲
Secondary armament

　元祖ドレッドノートに目を戻すと、副兵装の主力は単装砲架に装備された12ポンド18cwt連射砲24門だった。主砲塔に鎮座するはるかに巨大な兄貴分に比べ、この12ポンド砲は確かに小さかった。砲自体の重量は18cwt〔cwt（ハンドレッドウェイト）はヤード・ポンド法の重量単位。1cwt＝112ポンド≒50.8kgなので、18cwtは約914kg〕、全長は薬室長の51.3cmも含めて392.9cmだった。この砲は重量5.7kgの7.6cm砲弾を発射し、転度1/30〔30インチ＝76.2cmで1回転〕の20本の施条によるジャイロ効果で弾道安定性を得ていた。砲口初速は811m/s、有効射程は仰角20度で8,500mだった。

　この12ポンド砲は砲弾重量が軽く、射程も比較的短かったが、熟練砲手ならば毎分20発という優れた発射速度でその欠点を補えた。そのため、主に対水雷艇兵装として意図されており、また、仰角を大きくとれば対空兵装としても使用できた（対駆逐艦兵装とされていた12ポンド砲は、1906年の比較試験により4インチ〔10.2cm〕砲に劣ることが判明し、同用途には不充分とされた）。

　12ポンド砲のP.IV*砲架は、本砲の即応速射という任務には明らかに性能不足だった。〔訳註：P.IVの後ろに付けられた「*」は改良の回数を表す。「**」の場合は2回改良が施されているということ〕

　以下はこの砲架について書かれた英海軍の公式書類である。

　12ポンド18cwt砲はP.IV*砲架に装備され、その各門に連動するV.P. 5-12昼夜兼用望遠鏡2基が取り付けられていた。各砲架には右側に旋回手輪、左側に俯仰手輪があった。本砲は電気点火式で、主電路は永久磁石発電機に接続するが、下甲板上部の予備電路は取り外し式で、昼間作戦時は下部に格納される。また距離苗頭複合通報器と発射通報電鈴、およびその関連電線も防御されている。

　12ポンド砲の重要な任務のひとつが敵水雷艇などによる夜間奇襲攻撃に対する撃退だったが、主砲の反応速度が分単位だったのに対し（しかも近距離では主砲はほとんど役に立たない）、即応弾があれば副砲は秒単位で対応できた。そのため戦術的にも運用的にも射撃指揮装置と統合された探照灯システムが艦には充分に設けられていた。

36インチ〔91cm〕探照灯は12基設置されている。各探照灯の分担照射角は30度で、12基すべてが艦長の直接指揮下にある前部海図室上楼から管制される。予備指揮所は艦首側の灯が主指揮所、艦尾側の灯が後部信号塔である。

探照灯のうち4基（両舷の第2および第5）は旋回と俯仰が電動式で、操作レバーは前部海図室上楼にあり、そこからスイッチにより明滅も可能である。それ以外の8基の俯仰と旋回は、前部海図室上楼からの信号に従い、探照灯本体を手動操作する。

「点灯」「右旋回」
「仰角上げ」「左旋回」
「仰角下げ」「掃引」
これらの命令は海図室上楼のスイッチにより明滅される電灯により伝達される。

試験航海報告書、1907年

1903年、イギリス海軍は戦艦の副砲を強化するため、新型の4インチ高初速砲の開発を本格化させた。その成果はベレロフォン級ド級戦艦に4インチBL Mk VII砲として搭載され、4インチ砲はアイアン・デューク級で6インチ砲に取って代わられるまでド級戦艦と超ド級戦艦に装備されたのだった。甲板または船体スポンソンに設置されたこの砲は全長529.5cmで、10.2cm砲弾を砲口初速873m/sで発射できた。発射速度は毎分6〜8発、仰角15度での射程は1万600mだった。Mk VII砲用の砲架の大半（PII、PII*、PIV*、PIV**、PVI、PVIIIの各型）は最大仰角が15度だったが、一部の砲は最大仰角60度のHA（高高度）対空砲架に装備されていた。砲の指向は人力で、点火方式は激発（撃発？）式と電気式があった。

6インチ〔15.2cm〕砲は打撃力がはるかに大きく、射程もずっと長かったので、戦艦（またそれ以外の艦も——当時、6インチ砲はイギリス海軍の各種艦艇に装備されていた）は魚雷の射程外から水雷艇を攻撃できるようになった。6インチMk VII砲の最大射程は仰角20度で1万6,340mだったが、大半の砲架は最大仰角が15度だった。684.5cmの砲身による砲口初速は773m/s、被帽付徹甲弾は距離2,300mで150mm厚のクルップ鋼装甲板を貫通できた。

6インチ砲の短所は重い砲弾だった。1発が約45kgもあるため、発射速度が遅かった。弾庫からの給弾には揚弾機が必要で、その遅さのため戦闘時に本砲の理論発射速度毎分5〜7発を維持できない場合があることも判明していた。この発射速度は砲員が即応弾〔訳註：砲のそばに設けられた格納箱などに、あらかじめ納められている砲弾のこと〕を使用できる間だけで、それを使い切ったあとの発射速度は毎分わずか3発だった。

6インチ砲の搭載は単一巨砲思想の根本に疑問符を突きつけることになったが、それでも以降の超ド級戦艦でも副砲として採用され続けた。ド級戦艦と超ド級戦艦に装備されたそれ以外の砲は、小口径の儀礼／信号用の甲板砲と、新たに生まれつつあった対艦航空機の脅威に対抗するための3インチ対空砲だった。

▶この海軍本部図面ではP.VII砲架に装備されているBL 6インチMk XII砲は、ド級戦艦共通の副砲だった。

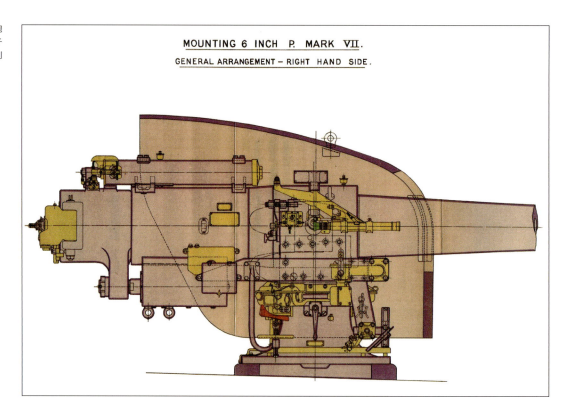

MOUNTING 6 INCH P. MARK VII.
GENERAL ARRANGEMENT – RIGHT HAND SIDE.

▼P.IX砲架に装備されたオードナンスBL 6インチ45口径砲。図から旋回／俯仰機構のディテールがよくわかる。

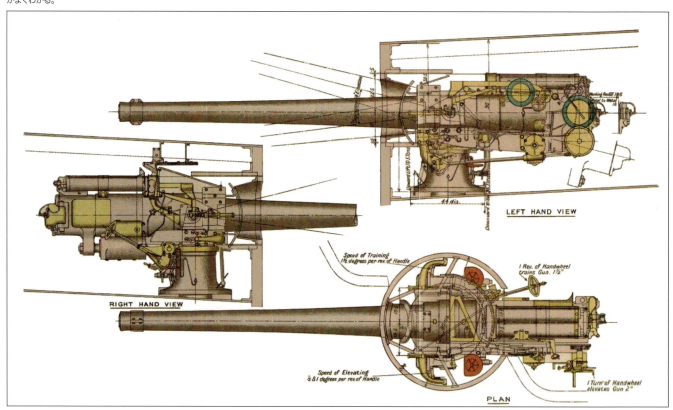

66

砲弾と装薬
SHELLS AND PROPELLANT

　イギリス戦艦では副砲は薬莢式の固定弾薬が一般的だったが、主砲の装薬と砲弾は格納、装填とも別々の分離弾薬だった。イギリス海軍の主力だった装薬はコルダイトMDといい、20世紀への変わり目にコルダイトMk Iの改良型として導入された。コルダイトMD（組成：綿火薬65％、ニトログリセリン30％、ワセリン5％）は従来のコルダイトMk Iよりも安定性が高かったが、同じ砲口初速で砲弾を撃ち出すには重量が15％多く必要になった。しかしMk I装薬より腐食性がはるかに低く、砲身命数は事実上2倍になった。コルダイトは絹製の四分の一薬嚢（クォーターチャージ）に詰められ、必要な推進力に応じて砲弾の後方に詰められた。装薬が点火されると、薬嚢は一瞬で焼失した。

　砲弾について見てみると、ドレッドノートの時代では装甲貫徹が最重要視されていたため、海戦では各種の徹甲弾が多用された。最も基本的なのは通常型の徹甲弾で、炸薬は3〜5％しか充填されておらず、弾底の慣性信管により起爆した。徹甲弾の弾体は鍛造鋼を熱硬化させたもので、敵艦の構造体に深く侵徹してから、急激な減速により信管が作動した。しかし装甲板が改良増厚されると貫徹力の向上が必要になった。これが被帽付徹甲弾の主流化につながった。この砲弾では弾頭に装着された鋼製キャップが弾着点の強度を低下させてから、硬化処理鋼製の弾頭が侵徹できるようになった。これに対し半徹甲弾という弾種もあった。これは砲弾が起爆する前に貫通してしまうのを防ぐため、意図的に貫徹力を下げたもので、（比較的）装甲の薄い小型艦に対して使用された。

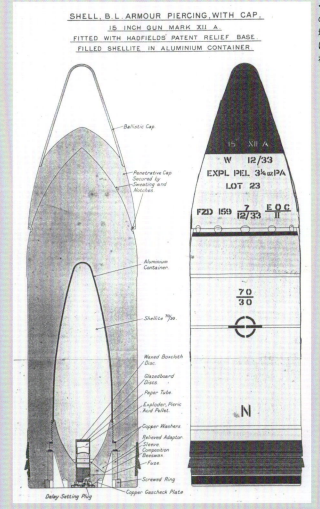

◀15インチ艦載砲弾の断面図で、炸薬充填部が小さく、弾底に慣性信管が装着されているのがわかる。

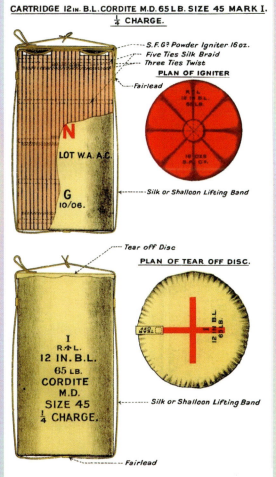

▶当時描かれたコルダイトMDの四分の一薬嚢の図で、ド級戦艦の12インチ砲ではこれを4個使用することもできた。

▲エルズウィック式21インチ魚雷発射管の側方装填方式は操作性が高く、迅速な装填が可能だった。

魚雷発射管
Torpedo tubes

　当時のイギリス海軍のド級戦艦や超ド級戦艦は2門から4門の水中式発射管を装備しており、魚雷直径は当初は19インチ〔48.3cm〕だったが、その後21インチ〔53.3cm〕になった。

　ただし、こうした大型艦に魚雷を装備する意味があったのかどうかは疑問である。実戦で戦艦の魚雷が使用されることは極めて稀で、魚雷格納庫が最終的に、より需要の高い対空砲用の弾火薬庫へと改修されることもあった。海軍史家デイヴィッド・K・ブラウンは著書『ザ・グランド・フリート』で、魚雷の発射管と格納庫に関する問題についてこう記している。

▼写真左側の発射管に装填するため、21インチ魚雷を転がしているイタリア戦艦の乗員たち。

　魚雷兵装に関する危険は二種類あり、第一は2〜3トンもある魚雷という高性能爆発物の運搬で、特に戦時中の巡洋戦艦の水上発射管で危険性が高かった。第二はより深刻で、魚雷の取扱いに必要な広い区画への浸水だった。ドレッドノートの魚雷発射管室は全幅が船艙甲板幅一杯で、区画扉を含めた全長は7.3m、一層下の弾頭庫はそれのみで全長7.3mだった。同艦以降の艦では魚雷室はさらに拡大された。ユトランド沖海戦におけるドイツ海軍戦艦リュッツォウの浸水の最大の原因は、広い発射管室の「防水」扉からの漏水だった。6インチ副砲と同じく、主力艦の魚雷兵装は高価なのに無効といえ、潜在的危険ですらあった。

　魚雷発射管本体は新式のB型で、後扉が「チョッパー」式に改設計され、側面扉と併用することで、魚雷の側方装填が容易になった。とはいえ緊急装填時には発射管から海水が流入するため、魚雷要員が水びたしの発射管室で作業していたことは記憶しておくべきだろう。

射撃指揮
Fire control

　正確で操作性に優れ、状況に素早く対応できる射撃指揮体制の実現は、巨砲時代における重要な課題のひとつだった。砲の照準に必要な算定作業は何段階にもわたる複雑なもので、敵艦の方位と距離、その発砲前と砲弾飛翔中の未来運動、射撃艦の敵艦に対する相対運動、自艦の縦動揺と横動揺、砲弾の放物弾道、影響の大きい弾道条件、砲の状態、使用弾種と、考慮を要する項目は続く。

　砲弾を正確に目標に命中させる方法——射撃管制法の技術面と戦術面における改良は19世紀末以来、発展を遂げ続けていた。水圧駆動式砲架の迅速な指向能力のおかげで、砲手は「保続照準」法を使用するようになった。これは実際には艦の動揺中、どの瞬間も砲を目標に指向し続けるのではなく、砲身を固定したまま特定の横動揺角まで発砲を待つものだった。これは手順上の改良だが、長射程巨砲の真の強化は技術面からもたらされた。

　その第一が1890年代から実用化が始まった測距儀である。ドレッドノートには2基のバー＆ストラウド式9フィート〔2.75m〕測距儀が、前檣楼と信号塔の台座に設置されていた。測距儀は基本的に一定の距離（ドレッドノートの装置では9フィート）を隔てて設けられた2枚のレンズまたは反射鏡で構成されていた。敵艦を見ると分断された画像が覗き窓に映るが、

この画像を調整して合致させると、三角法の原理で敵艦までの距離が算出された。イギリス海軍の戦艦では9フィート測距儀（ジャイロ安定装置付き型を含む）が標準だったが、ユトランド沖海戦ののち15フィート〔4.58m〕測距儀が導入された。

　正確な遠距離射撃を実現するための問題でより複雑だったのが変距率と苗頭、つまり敵艦の射撃艦に対する相対位置の変化に応じて修正する距離と角度だった。その値は、特に戦闘中で艦の運動が流動的な場合、刻々と変化するため一決するのが困難だった。にもかかわらずジョン・ソーマレズ・ドゥマリック砲術士官の最先端を行く研究により、予測される針路と速力を機械的装置により相対位置モデルに変換し、変距率と苗頭を砲員に伝えられる情報として表示する「変距率盤」が開発された。ドレッドノートはヴィッカース社製の電気式通報器を先駆的に導入し、射撃諸元を各砲へ伝え、射距離と苗頭を機械式の示数盤に表示できるようにした。ドレッドノートには発令所が司令塔下部と信号塔下部の2ヵ所に設けられていた。両者は全砲塔と電路で結ばれ、一方が機能を失っても射撃指揮が継続できるようになっていた。

　各砲と発令所の関係についてのわかりやすい説明が、戦前のイギリス海軍砲術報告書にある。これはドレッドノートの主砲ではなく副砲に関するものだが、基本的に主砲も同じである。

　砲は各2門からなる12個の砲群に分かれており、各舷に6砲群ずつ、両舷とも前方の3砲群は主射撃指揮所（大型の三脚式前部マスト上に位置）が、後方の3砲群は後部信号塔上楼から指揮された。各砲群の射界角は30度に限られていた。

　前方の6砲群は主発令所により、以下のように指揮

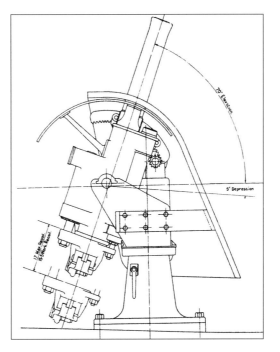

◀4.7インチ〔12cm〕艦載砲の俯仰角度と砲尾後座距離が示された図。

▼初期のバー＆ストラウド式測距儀と4名の要員の様子。操作員は主檣や煙突など、目標となる艦艇の輪郭の、鮮明な直立物に焦点を合わせていた。

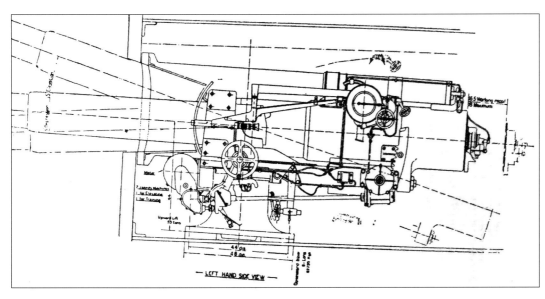

◀俯仰旋回が電動式になったヴィッカース6インチ〔15.2cm〕50口径砲の側面図。

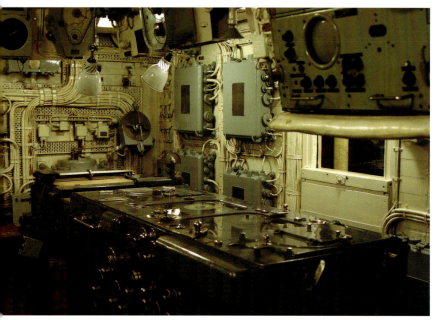

▲射撃盤を備えたイギリス海軍の重巡洋艦HMSベルファストの発令所だが、その全体的な印象はドレッドノート時代の戦艦の発令所を想像するのに良い手がかりとなろう。
（写真／Rémi Kaupp）

▼「砲術携帯読本」に掲載されていた図版で、射撃盤の部品名が図示されている。

された。

射距離と苗頭は伝声管で主発令所（司令塔の下部前方）へ伝えられ、そこからヴィッカース式距離苗頭通報器で砲群へ送られる。「初弾」という命令が伝声管で主発令所へ下されると、それが砲群に発射通報電鈴で伝えられる。各砲への命令伝達手段は発射通報電鈴と号令通報盤のみだった。

後方の6砲群は後部信号塔上マストからその下部の信号塔を経由して、前方の砲群が主発令所によるものと同一の方式で指揮された。各12ポンド砲架にはヴィッカース式距離苗頭通報器と発射通報電鈴を設置する金属板が取り付けられていた。

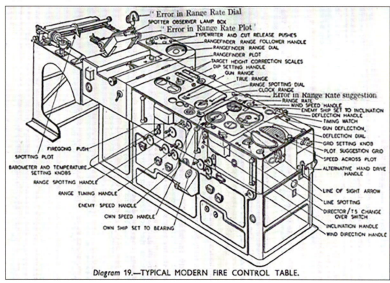

Diagram 19.—TYPICAL MODERN FIRE CONTROL TABLE.

ド級戦艦と超ド級戦艦には射撃精度を高めるための装置がこれ以外にも装備されていた。そのひとつが1906年から英海軍が採用したヴィッカース式距離時計で、これは目標艦の未来距離を現在の距離と変距率から算出する円盤回転式装置だった。他社もこれの改良型を開発し、その最も優れたものが1912年のアルゴ式距離時計だった。

精確な測距儀と変距率盤、そして射撃諸元を各砲に自動的に伝達する通報器の出現は、戦艦の火力と射撃精度に革命をもたらした。しかし射撃管制プロセスにおいて、目視による弾着観測や言葉による修正指示もやはり重要な要素だった。ド級／超ド級戦艦建艦競争の各当事国も独自に同様の技術を開発していた。

ドレッドノートの射撃指揮における重要な機器について、もう2点説明したい。ひとつがドライヤー射撃盤（ファイアテーブル）で、これは1911年に発明されたのち、何度も改良が加えられた。ドライヤー射撃盤は文字どおり大きなテーブル型で、おびただしい数の電気機械装置が内蔵・接続されており、それには先述した機器類も含まれていた。各装置は連動していて、さまざまな入力情報を総合して単一の射撃諸元を算出した。

1918年頃に導入されたMk III射撃盤では以下の情報が装置に入力された。

■変距率
■的艦の概測距離
■的艦の概測針路／速力
■的艦の観測相対位置
■自艦の針路
■自艦の速力
■弾着観測による修正
■視風速
■視風向
■距離修正

これらの情報は艦の各所にいる人員から伝えられ、さまざまな手動および自動作業により射撃諸元が出力される。算出が完了すると、砲室要員に以下の情報が伝えられる。

■射距離
■変距率
■苗頭
■的速
■的艦の方位線に対する偏差角

射撃盤とは、要するにアナログ式の大型射撃管制コンピューターのことである。入力情報の精度と情報処

理速度はその時次第だったこともあり、算出諸元の有効性は変動したものの、巨砲戦艦にとってこれは間違いなく役立つ新装備だった。

ドレッドノートの出現と同時に発生した問題が砲同士の同期だった。各砲塔が勝手に目標艦に発砲するのはそれはそれで結構だったが、効力と射撃指揮の最善化には一部あるいは全砲塔の発砲タイミングと照準点の両方を統一したほうが良かった。海軍の「砲術携帯読本」1945年版は本書が対象としている時代とはかなり隔たっているが（1945年版は事実上、1939年版の改訂版）、非同期射撃の問題を明快に説明している。

（ⅰ）1隻の目標艦を複数の砲照準手に同時に指示するのは困難である。

（ⅱ）水線近くの比較的低位置の砲には遠距離の目標艦は見えにくい。

（ⅲ）水線近くの低位置にある照準望遠鏡は、水しぶきで視界が曇ることが多い。

（ⅳ）砲照準手には各人の誤差があり、個々の誤差は小さいかもしれないが、それらが集積すれば斉射時の弾着散布界が著しく広がることとなる。

（ⅴ）射撃艦の砲照準手全員が同時に発砲する可能性は非常に低い。そのためかなりの時間、一門ないし複数門の砲が射撃を続け、砲音と砲煙が途切れなくなる。

（ⅵ）全砲の高さがほぼ同じならば、一部の砲による砲煙がその他の砲の照準に悪影響を及ぼすのは必至である。

（ⅶ）多数の砲が次々に発砲した場合、弾着観測は極めて困難である。

砲術携帯読本、1945

しかし同期射撃の実現にはさまざまな困難があった。第一に、それぞれの主砲の配置は艦首尾方向に開きがあり、ある一点に照準しようとすれば各砲身は平行にならなくなるので、収束点を定める必要が生まれた。第二に誰かが同期射撃を管制し、即座に発砲できるようにする必要があった。しかし言葉やその他の聴覚による信号では、弾着がばらつく可能性が依然として高かった。第三に誰が射撃を指揮するにしろ、各種の射撃指揮装置からの情報を総合して算出した射撃諸元を各砲に伝達する何らかの手段が必要だった。

それを解決したのが「方位盤」システムだった。方位盤は基本的に経緯儀に似た外観の装置で、檣楼に設置され、一群の砲の共有照準器として機能した。方位盤員は3〜4名で、発令所から情報を受け取ると、それに仰角と旋回角を加え、砲員が直接使用できる情報にして伝達した。これは砲員が仰角と旋回角を自分たちで管制する必要がなくなったことを意味した。方位

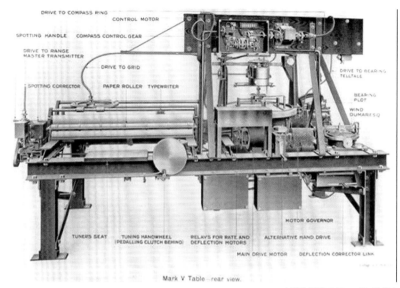

Mark V Table—rear view.

▲巡洋戦艦HMSフッドに搭載されたMk Vドライヤー射撃盤は、1911年から戦艦に導入されたドライヤー射撃盤の最高到達点だった。

盤士官は方位盤所に設けられた電気式引金装置を使って自身で発砲することもできた。

方位盤射撃法を最初に導入したド級戦艦はイギリス海軍の戦艦HMSベレロフォンであり、以後、方位盤はイギリス戦艦の標準装備になった。方位盤射撃法はまだ完璧からほど遠く、発射速度を低下させることも多かったが、火力の集中度を高めたのは確かだった。

巨砲をめぐる論争
The big-gun debate

これまで我々はド級戦艦の誕生と、その後の武装の変遷について概観してきた。この当時、単一巨砲搭載艦をめぐる論争は活発で、海軍の戦闘に対して知的な情熱を抱く人々にとって議論は尽きなかった。この新式設計の信奉者は巨砲ならば敵艦隊が接近して来る前に勝敗を決め、その砲弾で重装甲の主力艦に決定的な打撃を与えられると主張した。反対論者は膨大な数の副砲が速射すれば、巨砲ですら対抗困難な破壊力で圧倒できると力説した。

この論争の顛末については、余すことなく検証した書籍がいくつもある。それを理解するには、「海軍造兵局長執筆論文——戦艦設計に関する諸考察」におけるドレッドノートの擁護を検証するのが良いだろう。特に興味深いのが以下に抜粋した記述で、その執筆者は名著『海上権力史論』（1890）の著者である、高名な米国人海軍戦略家アルフレッド・セイヤー・マハンの意見に異を唱えている。

以下の一節で執筆者は巨砲と中小口径砲の比較論を

▶ホイスト装置を使って超ド級戦艦の甲板上に13.5インチ砲弾を慎重に並べていく砲員たち。このちち砲弾は弾庫へと運搬して格納する。

展開している。

　口径10インチ、9.2インチ、ないし6インチの砲が、その高い発射速度と同じ重量ならばより多数の弾数を搭載できることから、一定時間内にあらゆる想定距離で12インチ砲よりも多数の命中弾を与えられるというのは、疑いようのない事実である。しかし中小口径砲の命中率の優越分は、その最高発射速度が大口径砲のそれよりもどれだけ高いのかに比例するはずである。例えば照準手技倆試験で6インチ砲が1分間に11発の命中弾を記録したからといって、一部の研究者の主張するような、5門の6インチ砲で1隻の敵艦を一斉射撃すれば毎分55発の命中弾を与えうるという推論は完全に間違っている。戦闘状況下のあらゆる距離において最高の射撃精度を実現するための技術的要件を明らかにするべく最近実施された実験の結果は非常に

▼イギリス海軍戦艦HMSクイーン・エリザベスに背負い式に配置された15インチ連装砲塔。同砲の最大射程は3万200m以上だった。

考えさせられるもので、比較検討対象となった各種口径の砲をある門数以上に増やす、またはある水準以上に発射速度を向上させても、その射撃の有効性は全く期待できないことが判明した。口径12インチ、10インチ、9.2インチ、およびそれ未満の砲が、厳密に同一の条件下ですべてそう結論された。こうして中小口径砲の門数と発射速度の大幅増加という、従来当然視されていた方向性の現実化はありえなくなった。

　これはマハン大佐のような優れた研究者までもが支持している説を覆すものである。彼は「ナショナルレヴュー」誌5月号でこう述べている。

　「戦術的に『ド級戦艦』の艦隊と既存型戦艦の味方艦隊との戦闘では、遠距離砲撃が必ず起こるであろう。だがそれも敵が無数の中小口径砲の有効射程内に入れば反撃が始まり、砲郭同士の艦隊戦では中小口径砲が決定的要素に躍り出るので、口径では勝っても砲門数が少なければ、葡萄弾や榴散弾などの中小口径砲の弾雨により人員が殺傷されるため、砲門数の優位と距離の近さが勝利の決定要因となる。そのような場合、発射弾数は口径と反比例関係となるので、攻撃に重点を置いた艦は防御面では劣るという排反性がある。艦対艦戦闘の場合、防御力ではそれほどの大差は生じず、そうなれば確率の問題となるため、合計弾量が同じならば、発射弾数の多い方が散布界の狭い方よりも必ず有利となる」

　マハン大佐が現代式の艦隊砲撃戦を一度でも見たことがあれば、上記の引用に示されるような錯誤に陥るとは到底考えられず、兵装威力において劣る艦が例え速力において勝っていようとも、それを存分かつ効果的に使用できる距離に接近するはるか以前に行動不能にされてしまうのを理解なさるであろう。

戦艦設計に関する諸考察、P. 18 - 19

　実戦を経験した全員が同じ結論に至ったわけではなかったが、上掲の一節では理論と実際とは別物であるという重要な判断がなされている。新たな巨砲時代において、従来主流だった砲口径で劣る艦は超遠距離から12インチ砲弾が飛来し始めるやいなや不利な状況に直面するのは必至だと主張している。

　また本章ではド級戦艦の砲の技術や構造に主眼を置いてきたが、新たに登場した巨砲戦艦が与えた心理的、物理的な衝撃についても我々は目を向けるべきだろう。12インチ砲の全門一舷射撃による敵艦への至近弾や、マストや甲板などの構造物を破壊していく直撃弾は、畏怖の念を引き起こさせたことだろう。そうした火力の前には、いかなる理論上の論争もまったく無力だった。

試験航海時の砲熕兵装についての報告書
GUNNERY REPORT ON EXPERIMENTAL CRUISE

　射撃訓練の内容は二種類であった。

1) 発射速度の最大化と「砲煙干渉」からの脱却を実現する最善の射撃方法の実験、加えて単艦への射撃および二艦への一艦射撃における最善の管制方法を確定するための重砲射撃。

2) 昼間および夜間における水雷艇撃退のための小口径速射兵装の最善の砲群区分および管制方法の確立。

　射撃試験の詳細については、砲熕兵装および探照灯の両項に添付した各資料を参照のこと。

　とりあえず得られた重要な結論は以下のとおり。

1) 今回の気候における四分の三量装薬で認められた砲煙問題はわずかであった。イギリス海峡の気象条件下における全量装薬での射撃試験の許可も小官は希望するが、その場合も重大な問題は認められないものと予想する。

2) 主砲の射撃指揮は、檣楼および信号塔上部マストの指揮所のいずれからも容易であると認められた。

3) 射撃試験により実戦時の射撃が、発射速度と精度の両者において、極めて優秀となるであろうことが確認された。

4) 本艦の兵装構成は混載式の兵装よりも著しく単純で、管制精度が高かった。

　小口径速射砲で採用した射撃法では、砲撃戦の終了後、昼戦に続く夜戦で使用できるような管制方法を最重要視した。

　帆布製標的への夜間射撃や、駆逐艦による対艦攻撃に空包だけを撃つ訓練を実施することにより、実戦での戦果や対水雷攻撃が期待できるとは小官には到底考えられない。だが夜間射撃については、的確に実施す

れば、魚雷攻撃に対する艦の防御において進歩を認めうる可能性が極めて高いと考える。

　当面得られた結論は以下のとおり。

1) 夜間射撃の結果は満足すべきもので、距離2,300ないし1,400mにおいて、駆逐艦規模の標的1個、または駆逐艦規模の標的2個の各々に対し、4門の砲で5ないし6発の命中弾を達成した。

2) 射撃訓練中、現状の射撃法とその実践において多くの問題点が明らかにされたため、今回の結果には近い将来大幅な改善が見込まれよう。今回の夜間射撃は小官がこれまで目撃した例で唯一、夜間魚雷攻撃に対して艦を砲射撃により防御しうるものとの希望を強く抱かせるものであった。

3) 測距斉射ののち独立打方へ移行するのが、最も満足すべき方式と思われる。

4) 射撃指揮用の載頭受話器システムは非常に効率的とは到底言いがたい。

5) 射撃指揮所は檣楼上に位置すべきである。

6) 探照灯指揮所は艦長の近傍に位置すべきである。

7) よって上記の二指揮所は分離すべきである。

8) 射撃と探照灯の訓練課程はいずれも限りなし。

9) 高腔圧砲の尾栓の密閉性には改善が必要である。

10) 24インチ探照灯の性能は事実上36インチ探照灯と同等である。

11) 36インチ探照灯1基よりも24インチ探照灯2基の方が効率において勝るため、さらなる評価試験が必要である。

　　R・C・ベーコン、試験航海報告書、1907、p. 5

第4章

機関と電気系統
Propulsion and electrical systems

20世紀の前半、洋上における最強の軍艦はド級戦艦と超ド級戦艦だった。これらの艦が迅速な戦術運動をするために必要な速力と操縦性をもたらしたのが、推進機関と電気設備だった。

◀ロシア戦艦ポルタヴァの3軸スクリュー。ドレッドノートとは違うが、人物と比べて戦艦の推進装置がどれほど巨大だったのかを実感させる一葉。

　巨大な艦船という乗り物は、例外なく複雑な機械の集合体である。艦の心臓部である機関から電気照明のスイッチ、換気筒などの細部までさまざまな装備は、製造と設計の過程で充分に考慮されなければならなかった。この全体設計に何らかの問題があると、就役後にその欠点がはっきりと露呈することもあった。

　本章では主にドレッドノートの機関と電気系統について詳しく見てみたい。ドレッドノートを詳細に分析する理由は、本艦がすべてのド級戦艦と超ド級戦艦の基礎だったことも大きいが、あらゆる戦艦の機械的構造を解説しようとすれば情報量が膨大になりすぎるということもある。本書の参考資料には本艦以外の戦艦について深く理解できる書籍が何冊も含まれているが、何よりもドレッドノートはこの時代における戦艦の全体設計を知るのに丁度よい指標なのである。

タービン推進
Turbine power

　ド級戦艦と超ド級戦艦が強力な機関出力を誇っていたのは事実である。現代の平均的な駆逐艦は全長が150m前後、排水量が8,000トン程度で、ガスタービン機関を複数搭載し、30ノットほどの最大速力を容易に発揮できるものが多い。一方で1915年にイギリスが進水させた戦艦HMSロイヤル・サヴリンは全長189m、満載排水量3万1,000トンもあった。にもかかわらず、ボイラーで駆動されるパーソンズ式蒸気タービンの出力4万軸馬力により、これだけの巨艦に23ノットを発揮させることができた。この数値は100年以上経った現代から見ても、なかなかのものである。

　ド級戦艦の機関についての話は、イギリス海軍史上最も重要な数十年間、同国軍艦の推進機関の頂点に君臨していたパーソンズという企業名から語るのがふさわしいだろう。チャールズ・パーソンズは英国の技術者で、1880年代にレシプロ式機関に代わる舶用機関としてタービン式機関の実験を始めた。タービンとは要するに加圧蒸気の熱エネルギーを羽根車付きの回転軸に伝える機構であり、蒸気圧でその軸を回して回転力として出力するものである。パーソンズは従来からのタービン技術を発展させ、この機関の効率性の向上を模索した。

　彼がいかにそれを進めたかが、1904年頃に書かれた以下の講演論文に記されている。

アイアン・デューク級のド級戦艦HMSエンペラー・オブ・インディアの中央機械室。同艦にはパーソンズ式蒸気タービン機関が4基搭載され、2万9,000軸馬力を発揮した。

▼ロイヤル・サヴリンの前部船体と甲板の断面図。

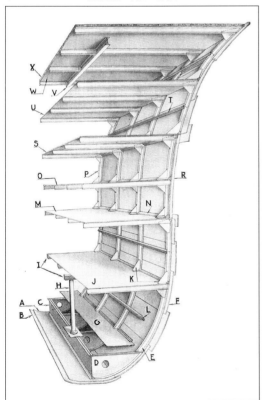

▼同じくロイヤル・サヴリンの船体中央部の断面図で、甲板構造と二重船殻構造がよくわかる。船体外側の魚雷バルジに注意。

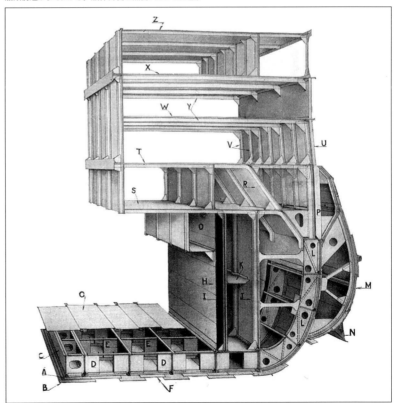

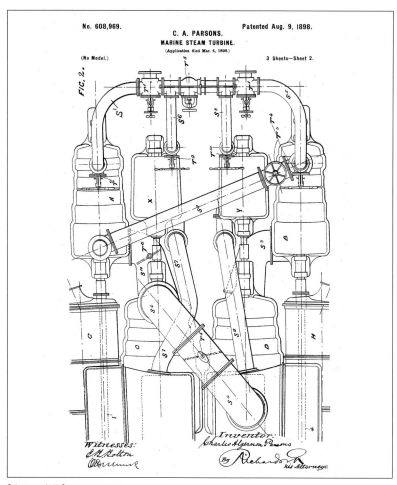

【本ページ3枚】これらの図は
1898年にパーソンズが提出した
蒸気タービンの特許出願書類に
添えられていたもの。ド級戦艦と
超ド級戦艦のほぼ全艦の心臓部
がこうしたパーソンズ式蒸気ター
ビンとなった。

1884年またはその4年前、私はタービンの問題に新たな方法で取り組んだ。タービン式発動機が原動機として広く世に受け容れられるには、穏当な表面速度と回転速度が不可欠だと私には思われた。そこで加圧蒸気流を細分化して膨張させてから多数の連続タービンに流入させれば、その流速が過大になる箇所がなくなるはずだと考えた。その結果がのちに実現を見た、高い経済性につながる穏当なタービン表面速度だった。直列多段式タービンの原理は現在、極小型の機関を除き、蒸気発生源の経済性が重視されない分野で広く使用されている。各タービンの微細な高圧流入孔の配置設計も高効率性の実現のために重要であると思われたのは、蒸気を事実上膨張させることなく各タービンを通過させたかったからだが、これは同様の方式で水を使った水圧タービンが高い効率を出していた事実が当時、精密なテストにより実証されていたためである。

パーソンズ、「蒸気タービン」、1904頃

　それからほどなくしてパーソンズは自身の設計が成功であることを実証していった。史上初のタービン推進船として1894年に進水したタービニアの三段軸流式のパーソンズ式直結（ギア装置がない）蒸気タービンは、全長32mのこの艇を当時世界最速の船舶となさしめたが、同艇はキャビテーション（後述）の問題に悩まされることにもなった。これに軍事分野への進出

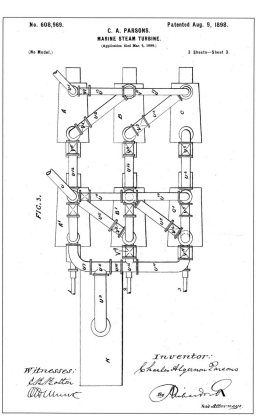

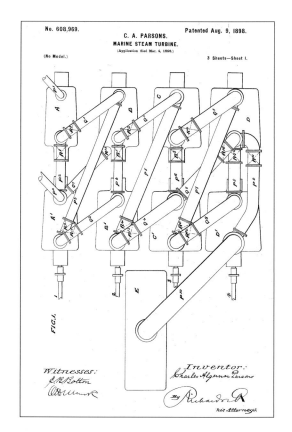

が続き、20世紀の変わり目にパーソンズ式タービンがHMSヴァイパーとHMSコブラという2隻の駆逐艦に搭載された。その勢いはそれにとどまらず、1906年にはパーソンズ式タービンのみで推進される3隻の巨大艦船が洋上に出現した。

それが伝説的な民間客船ルシタニアとモーリタニア、そして戦艦ドレッドノートだった。

ドレッドノートの機関
Dreadnought's powerplant

ドレッドノートの心臓部には2組のパーソンズ式タービンが設置され、各組が2軸のスクリューを駆動した。タービンはほぼ同じ機械室に鏡像配置されていた。外側に配置された2基のタービンは高圧（HP）型で、内側の2軸を駆動したのは低圧（LP）型だった。またこれらには低速域での性能を向上させるため巡航用タービンも併設されていた。各HP軸には前進用HPと後進用HPが各1基設けられ、また各内側軸にも前進用LPと後進用LPがあった。合計出力の設計値は2万3,000軸馬力で、各軸は毎分320回転するよう設計されていた。

これはドレッドノートの就役時の仕様である。初期における最大の変化は1907年冬の整備時に6,000軸馬力の巡航用タービンに重大な問題がいくつも発見されたことで起こった。

ジョン・ロバーツ著『戦艦ドレッドノート』によれば、当時の巡航用タービンが空転することにより各軸に抵抗が発生し、その結果、タービン温度の制御が困難になったのがその原因だという。その問題がタービンブレードに金属工学的に深刻なダメージを与えてしまった。1907年の検査により、第2および第3膨張ステージで多数のブレードが欠損しているのが発見され、ケーシングにも亀裂が入っていた。そのため、最終的に巡航用タービンは接続を切断され、まったく機能しなくなったにもかかわらず、本艦の生涯の終わりまで船体内に残されたままとなった。

パーソンズ式タービンは、特定の出力域では欠点があったものの、全体的には優れた性能を発揮した。これが明らかになったのは試験航海時で、R・C・ベーコンの試験航海報告書にその記述がある。

タービン機関は完璧に作動した。本艦は1万1,000海里を航行した。ベアリングを再調整する必要性は事実上皆無だと小官は考える。機関がレシプロ式だったならば、絶え間ないベアリングの再調整が必要だったのは確実である。ジブラルタルからトリニダード島ま

▲▼スコットランドのフェアフィールド社ゴーヴァン造船所で組み立てられる戦艦HMSベレロフォン用のタービン機関。

では17ノットで3,500海里の航海だったが、到着時、主機械に対して何らの作業も全く必要なかったことは、この規模の機械への評価としては最高であろう。忘れてはならないのは、新式の装置においてこうした結果が達成されたのは、オニオン機関長以下のスタッフたちの整備と熱意の賜物であったという事実である。信頼性以外の面においても本機関は満足いくもので、操作性は素早く確実だった。機械室の換気については後述する。補助機関は、操舵機械を除き（これについては先に報告済み）、満足すべきものだった。

R・C・ベーコン、試験航海報告書、1907、P. 4

ドレッドノートのタービンの動力源は18基のバブコック＆ウィルコックス式水管缶で、3個の缶室に6基ずつ配置されていた。単純に言えば水管ボイラーとは火炉の熱で高温になった空間に水を通して沸点より高温になるまで加熱する装置である。この過程で加圧蒸気が生み出され、汽水分離器に送られて液体分は戻される。そこからさらに過熱された過熱蒸気は湿り気のまったくない高温ガスで、これがタービンブレードに噴射されて回天を与えるのだった。

バブコック＆ウィルコックス式缶の通常運転圧力は17.6kg/㎠だったが、タービンブレード表面での蒸気圧は13.0kg/㎠に低下した。「米海軍機関員協会ジャーナル」の1906年の記事「H.M.S.ドレッドノートの性能試験」に、これらのボイラーについてかなり詳しい記述がある。

彼女［ドレッドノート］では各20枚の加熱エレメントを備えたバブコック＆ウィルコックス式缶が18基、3個の缶室に配置されており、石炭と石油の混合燃焼が可能である。火格子面積は145㎡、伝熱面積は5,147㎡で、火床から煙突上端までは約26mだった。各缶室には直径約76cmの灰棄筒が1本設けられており、灰燼を電気式昇降機で上昇させる。これにはシー式灰放射器も取り付けられている。各缶室は自己完結している。冷却面積は主復水器が2,415㎡、補助復水器が557㎡である。

この文章にはもう少し掘り下げたい点がいくつかある。記述されているとおり、ドレッドノートは石油と石炭の両方を燃料にできた。艦内の石炭搭載量は常備時で900トン、満載時で2,900トンだった。石油搭載量は合計1,120トンだった。石炭から石油への転換期、多くの軍艦で石炭搭載区画が実質上、対魚雷防御の一端を担っていたという興味深い事実があった。船体で大爆発が起こった際、その影響をある程度「吸収」できる空間と充填物が石炭庫にはあったのだ。石油には圧縮性がほとんどなく、しかも可燃物だったので、艦にとって危険性は高かったが、結局のところそれは受

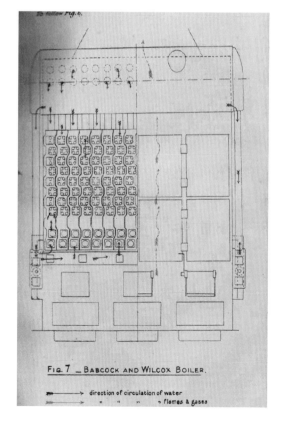

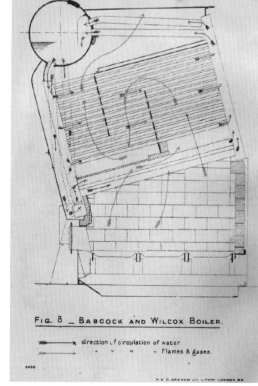

▶バブコック＆ウィルコックス式缶の作動原理を示す2枚の図。1912年版「火夫教範」より。

容する価値のある危険だった。ドレッドノートの作戦行動半径は10ノットで6,620海里だったが、同速力で石炭のみ使用の場合は4,340海里になった。本艦は出力2,220軸馬力で航行すると、24時間あたり127トンの石炭を消費した。

「米海軍機関員協会ジャーナル」の記事には灰棄装置についても書かれているが、これはあらゆる石炭動力船に必要不可欠な重要な装置だった。各缶室には専用の灰棄装置が設けられており、缶室から立ち上がった灰棄筒が船体側面の排出口に伸びていた。灰燼は漏斗型容器に押し込まれて火格子から灰棄筒へ運ばれると、缶室の消火兼用ビルジポンプからの圧力14.1kg/cm²の水噴射で艦外へ排出された。これ以外にも灰棄装置として揚灰機（要するにバケット昇降機である）があり、汚泥灰を上甲板まで運搬したが、その甲板区域に汚い灰燼が飛散してしまうため、これは非常時専用なのが普通だった。なお石油専焼缶の導入とともに、灰棄装置は完全に不要になった。

ドレッドノートにはこれ以外にも多種多様なポンプ装置が装備されていたが、機械室にあった4基の75トン消火兼用ビルジポンプもそれに含まれていた。これらも電動式で、水密室に設置され、機械室が浸水して乗員が緊急避難する必要が生じた場合には毎時50トンの水を排出できた。

石炭庫への給炭には上甲板と主甲板を貫く固定式の石炭シュートが用いられた。かつてこのシュートは帆布製だったが、破れて艦内が汚れることが多かったため、その教訓からこのように設計が改められたのだった。石炭庫は船体中央部に位置し、各汽缶には専用の石炭庫があった。石炭庫と缶室とを完全に水密区画するため、隔壁には連絡用の貫通口がまったくなかったが、一部の石炭庫には防水扉が設けられていた。

R・C・ベーコンの「試験航海報告書」（1907）にはボイラー構造に関する問題がいくつか挙げられており、うち最も重要な3点を以下に引用する。

1. 火床格子が太さ0.5インチとやや細いため変形しやすく、これは火床格子が載る前後の桁も同様であるが、こちらは極めて細い。
2. 火炉内の鋳鉄部品はすべて煉瓦または粘土で保護すべきである。焚口枠ないし口金には膨張に対する充分な隙間を設けるべきである。これは高温時に炉壁防護板が破損するのを防ぐためで、これが破損すると焚口枠が変形し、その結果焚口扉が閉塞する。保護板裏側の鋳造部品の強度を向上させ、鋲と穴の固定がきつくなりすぎないよう、予備炉壁保護板に合わせ、径に余裕のある穴を治具により開口すべきである。

▲一般的なド級戦艦の缶室、蒸気経路、換気流入経路、石炭庫などの位置関係が示された図解。左上、矢印の部分にある"コールシュート"から石炭を投げ落として艦内へ積み込めるようになっていた。

3. 時間節約のため、汽缶停止弁を大型化する必要がある。これは予備真水タンクとの接続部が太くなることも意味する。

ドレッドノートのその他の機械構造を見ていく前に、技術の洗練と改良とともに着実にタービン出力を増していったド級戦艦と超ド級戦艦についても我々は知るべきだろう。ドレッドノートが2万3,000軸馬力を発揮したのに対し、ロイヤル・サヴリン級はその倍近くの4万軸馬力だった。

81

▶こちらの図解では高圧および
低圧のタービンと、主機械周辺
の機関区画の配置がわかる。

▶バブコック＆ウィルコックス式
缶はこのような形態をしていた。
写真では内部構造を見せるため
側壁（画面手前側）の煉瓦が積
まれていないのに注意。水管の
束の下が火炉で、上部の大型タ
ンクが汽水分離器。中層部のU
字型に湾曲した管が過熱蒸気発
生装置。

ド級戦艦と超ド級戦艦の機関仕様一覧表
MAIN POWER ARRANGEMENTS OF THE DREADNOUGHTS AND SUPER DREADNOUGHTS

艦名／級名	主機械形式	缶形式	軸馬力
ドレッドノート	パーソンズ式直結タービン4軸	バブコック＆ウィルコックス式×18	23,000
ベレロフォン級	パーソンズ式直結タービン4軸	バブコック＆ウィルコックス式×18（テメレーアはヤーロー式）	23,000
セント・ヴィンセント級	パーソンズ式直結タービン4軸	バブコック＆ウィルコックス式×18（コリンウッドはヤーロー式）	24,500
ネプチューン	パーソンズ式直結タービン4軸	ヤーロー式×18	25,000
コロッサス級	パーソンズ式直結タービン4軸	バブコック＆ウィルコックス式×18（ハーキュリーズはヤーロー式）	25,000
エジンコート	パーソンズ式直結タービン4軸	バブコック＆ウィルコックス式×22	34,000
オライオン級	パーソンズ式直結タービン4軸	ヤーロー式×18（モナークはバブコック＆ウィルコックス式）	27,000
キング・ジョージ5世級	パーソンズ式直結タービン4軸	バブコック＆ウィルコックス式×18（オーディシャスとセンチュリオンはヤーロー式）	31,000
アイアン・デューク級	パーソンズ式直結タービン4軸	ヤーロー式×18（アイアン・デュークとベンボウはバブコック＆ウィルコックス式）	29,000
クイーン・エリザベス級	パーソンズ式反動タービン4軸	バブコック＆ウィルコックス式×24	56,000
ロイヤル・サヴリン級	パーソンズ式反動タービン4軸	バブコック＆ウィルコックス式×18（レゾリューションとロイヤル・オークはヤーロー式）	40,000
エリン	パーソンズ式直結タービン4軸	バブコック＆ウィルコックス×15	26,500
カナダ	パーソンズ式およびブラウン・カーティス式タービン4軸	ヤーロー式×21	37,000

◀戦艦ロイヤル・オークの缶室の臨場感あふれる写真。機関を稼働させ続けるのがどれほど大変な肉体労働だったのかがひしひしと伝わってくる。

プロペラと操舵装置
Propellers and steering gear

ドレッドノートの竣工時、タービンから伸びるスクリュー軸の先には強力な3翅プロペラが取り付けられており、それぞれが直径269cm、ブレード1枚の面積は3.07㎡となっていた。1907年5〜6月にこれらはすべて換装され、プロペラブレード面積は内側軸が2.60㎡に縮小され、外側軸のそれは3.72㎡に拡大された。

蒸気タービン設計で重要な問題だったのが、各タービンブレードと回転軸、そして水中のプロペラの速度関係を適合させることだった。単純に言えば、タービンは高速域で効率が最大化するが、プロペラが力を伝達するためにしっかりと水に「絡みつく」には低速で回転させる必要があった。この問題はド級戦艦では減速歯車を使うことで対処されたと、以下の『海軍年鑑1913』には書かれている。

タービンとプロペラの間に減速歯輪を設けることで生じる利点は容易に説明される。一般に言われるように、タービンの熱力学的効率は回転軸に取り付けられたブレードの速度とブレードに衝突する蒸気の速度が適切な関係にあるかに大きく影響される。そのためタービンブレードの付くタービンドラムの回転速度は高い必要がある。船舶のスクリュープロペラはある一定速度を超えると、キャビテーションのために多少効率が落ちる。キャビテーションとは一般にブレード前面に気泡が発生することで起こると言われている。その結果は効率低下だけでなく、腐食により金属が著しく劣化するという現象もある。後者の問題は幾分の改善を見たものの、キャビテーションが存在するかぎりスクリューの推進力が大きく失われるのは避けられない。この問題を克服するため妥協が図られ、タービンドラム直径を増やすことで回転数を減らしながらもブレード速度は低下させないようにし、ブレード速度が蒸気速度よりも低くなりすぎないようにした。これと同時にプロペラの回転数も減少した。しかしタービン回転部の直径増加は、重量の問題をはじめ、かなりの議論を引き起こした。戦艦と駆逐艦のタービンの出力重量比の違いは、後者がより高い毎分回転数で運転されるということも関係している。

海軍年鑑1913、p. 100

キャビテーションの問題が解決されるに伴い、ド級戦艦と超ド級戦艦が低速域でも自在かつ機敏に運動できるようになったことが、当時の多くの報告書で裏付けられている。もちろん艦には方向転換をする必要もあり、針路は船底に設置された2枚の吊り舵で制御された（舵が1枚だけでは旋回半径が過大になるため）。船体内には2組の操作軸系統があり、1組が左舷に、もう1組が右舷に設置されていた。各操作軸は船内を下って操舵機械に接続され、動力で舵を動かした。各操作軸は両舷の操舵機械に連結されていたが、クラッ

▼HMSドレッドノートの艦尾付近から前方を臨む。船体装甲鈑と2枚の舵はまだ取り付けられていない。〔訳註：この写真で、本艦の艦尾に装備された水中式魚雷発射管の位置（矢印）がよくわかる〕（写真／NMRN）

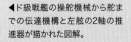
▶ド級戦艦の操舵機械から舵ま
での伝達機構と左舷の2軸の推
進器が描かれた図解。

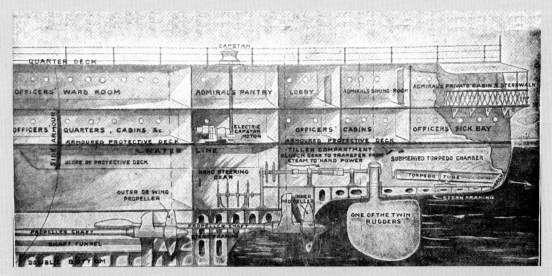

海軍本部報告書：「ドレッドノート級戦艦に望まれる変更点」
ADMIRALTY REPORT: 'SUGGESTED ALTERATIONS IN SHIPS OF DREADNOUGHT CLASS'

1.効率的な連絡装置が2箇所ある原動機操作台の間に不可欠である。弁操作時の各機械室間の連絡用として、現状の電話式連絡器の代わりに、主甲板上を通る4インチ伝声管1本と大音単打電鈴1個を設置すべきである。この伝声管を主甲板上に配管することにより、各機械室間の横隔壁の水密性は保たれる。

3.蒸留試験用タンクの位置は変更すべきであり、機械室のハッチ内に設置すれば、同タンクの監視が容易になり、ガラス管液面計と保護材の耐破損性も改善される。現状、タンクは上方より主甲板へ下る2本の梯子間の通路付近に位置している。

4.主機械室と各缶室間の区画の蒸気管は、完全に継手の無い一本物を設置すべきである。これは、これら密閉区画内の管継手の緩みにより大いに問題を生じたため。

6.予備水タンクおよび油タンクの空気抜き方式の効率向上のため、長手方向にさらに多くの開口を設けるべきである。現状では水および油の流入が極めて遅いため、適正液量に達するのに数時間を要している。船体の傾斜は喫水を著しく増大させるため、これは重要である［ママ］。

7.滑油が高温になり粘性が低下するため、全般的に滑油容器は蒸気シリンダーにではなく、付近の隔壁に取り付けるべきである。滑油漏れの抑制が容易になり、油温も下がる。

11.補助復水器へ余剰蒸気を排出させるバネ式弁の位置は、アクセスの容易な位置へ移動すべきである。現状ではこれらの弁の正確な調整が困難である。

14.機械室および缶室の全周に全種類の補助蒸気管を設置すべきである。石炭の撤去は、港内における前方の缶群の使用をできるだけ控えるためである。これ以外のいずれの缶群を使用する場合においても、その前方に位置するこれらの補助蒸気管には蒸気が維持されているのが常態であるため、管の前端での蒸気の循環が皆無または僅少であれば、発生した水が継手や伸縮パッキンから漏れることとなる。

17.製氷装置と冷蔵庫用の機関の両方に塵埃防止弁を設け、また製氷装置の海水取込口付近に逆止弁を取り付けるべきである。これは両者の機関にクラゲが頻繁に詰まるのと、その除去作業に大変時間がかかるためである。また製氷装置は上甲板に設置すべきである。これは装置の起動にあたり、循環ポンプを作動させるのが大変困難だったためである。

24.2台の操舵機械の間にある取り外し式連結棒は二分割式でなく、三分割式とすべきである。これらは左舵機室と右舵機室ではフランジ継手固定とし、棒の中央部は長さ約6フィートと短くする。現状の長い棒では操舵機械から完全に取り外すことが不可能である。左舷操作棒中央部と舵柄接続棒を支える軸受は撤去した。

R・C・ベーコン、試験航海報告書、第2節、「ドレッドノート級艦に望まれる変更点」、1907

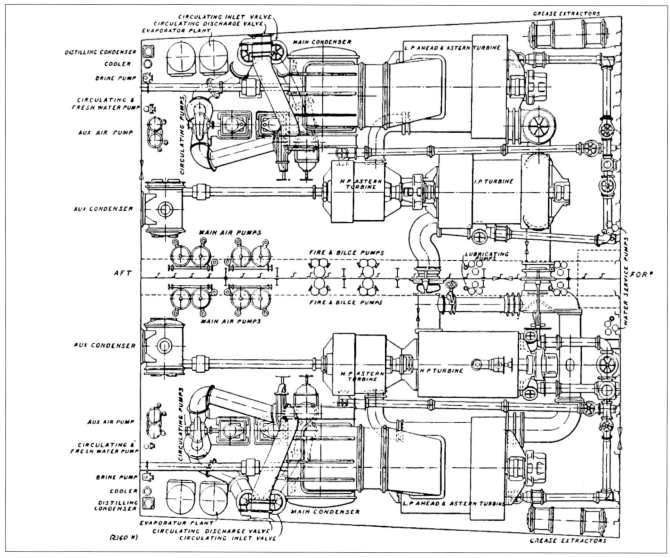

▲1911年の軍艦用推進装置に
関する講演で使用された説明図
で、4軸式戦艦のタービン機関
の配置構成がわかる。

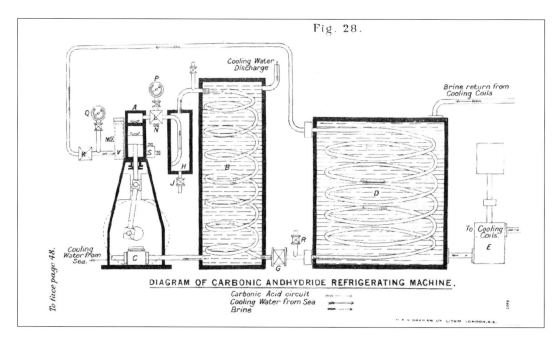

▶本図は1912年版「火夫教範」
から。こちらは糧食の長期保存
に不可欠な艦載冷却装置の原理
を説明するもの。

◀ヤーロー式缶は、バブコック&
ウィルコックス式缶と並び、世界
各国の軍艦の多くを動かす心臓
だった。写真は1912年頃に撮
影された、チリ海軍向けド級戦
艦用のもの。

チ機構があったので、いつでも1本の軸で操舵機械の
1台のみを動かすこともできた。機構の二重化は複雑
化を招いたが、理に適ったものだった。例えば魚雷の
命中などにより、万一片舷の操作軸が破損しても、残
りの1本で艦の操舵が可能だった。また通常の動力操
舵装置が完全に機能停止するという最悪の緊急事態に
備え、本艦には人力操舵室も船体最後尾に設けられて
おり、人力で強引に、針路をほぼ正確な向きに保てる
ようになっていた。またすべてが上手くいけばの話だ
が、本艦には舵取りが可能な場所が実は5ヵ所あった。
それは艦橋の1ヵ所、司令塔の2ヵ所、信号塔の2ヵ
所だった。

電気設備
Electrical systems

ドレッドノートとその一族は巨大な構造物であり、
その無数の機能を維持するためには膨大な電力を必要
とした。

主電源は4基のシーメンス式発電機だったが、うち
2基はブラザーフッド式蒸気ピストン機関で、もう2基
はマーリーズ式ディーゼル機関で駆動された（しかし
ディーゼル機関のうち1基は信頼性の問題のため、就
役前に蒸気機関に交換された）。これらの機関と発電
機は泊地内など、艦の主機械が停止している時でも運
転可能で、その際合計出力410kWを発揮した。

ジョン・ロバーツ著『戦艦ドレッドノート』P.27に
は「1000アンペアの電流を並列接続でコーワン式配電
盤へ流し、そこから100ボルトの電路が各種機器へ配
線されていた」と記されている。発電機は巨大な設備
で、蒸気駆動型は合計8.5トン、より大型のディーゼル
駆動型は17トンだった。いずれも毎分400回転で運転
された。

ド級戦艦と超ド級戦艦は時代を下るほど電気消費の
面で大喰らいになり、その結果、発電能力は着実に
向上していった。例えばドレッドノートの総出力が
400kWだったのに対し、のちのクイーン・エリザベ

▼HMSロイヤル・オークの機関
を懸命に操作する機関員たち。
主機械は18基のバブコック&
ウィルコック式缶を動力源として
4万軸馬力を発揮した。

スの発電量は、直流220ボルトの200kWタービン発電機2基と150kWディーゼル発電機2基により、700kWだった。超ド級戦艦のキング・ジョージ5世級に至っては、300kW発電機が8基（タービン式6基、ディーゼル式2基）も搭載され、合計2,400kWの電力を供給していた。ド級戦艦の電力系統発展の鍵となった転換点は、1905年の軍艦設計への200ボルト環状配電システムの導入だった。ドレッドノートはこの恩恵を受けるはずだったが、実際に導入が実現したのはベレロフォン級になってからだった。

ドレッドノートには直流15ボルト低電圧システムも艦内全区域に張り巡らされていた。

ジョン・ロバーツはこう記している。

[これは] 多数の電動発電機で構成され、2台の配電盤を経由して直流15ボルト電路へ給電していた。配電盤は1台が主配電盤室に、もう1台はX砲塔の換装室に設置されていた。これらにより射撃指揮装置、主砲射撃電路、その他の連絡装置に電力が供給された。その後、3台目の低電圧配電盤が下甲板の12ポンド砲換装室に設置され、副砲電路が主配電盤室につながる居住区ベルや旋回角度表示装置などの分岐電路から完全に分離された。それらに加え、電話交換用に電動発電機が1基追加され、さらに無線送信機と砲塔警告信号機用に交流発電機（直流を交流に変換する装置）も設置された。

ロバーツ、戦艦ドレッドノート

ドレッドノートの生命は同時代の戦艦のいずれもと同じく、人力と蒸気動力が過去のものとなり始めると、電力供給にかかるようになった。冷却、照明、砲弾から短艇までの各種物品の機力ホイスト、電話連絡、無線送信、各種ポンプやコンプレッサー、暖房、工場の動力工具などのみに限らず、電気はあらゆる目的に使用された。事実、ドレッドノートのような大型艦では上部構造物から下層甲板まで400台前後の電動モーターが搭載されていた。

また、ドレッドノートの電気装置には航法用羅針儀など、他よりも重要なものもあった。1906年12月当時、ドレッドノートには3台の羅針儀が艦橋、羅針儀室、後甲板に設置されていた。羅針儀には通常型、液体式、シーメンス電気式の3種類があり、前二者は海軍の標準型羅針儀だったが、後者を装備したイギリス艦は本艦のみだった。電気式羅針儀は射撃指揮装置の精度を上げるために設計されたが、実際の性能は良くなく、1911年以降さまざまな種類のジャイロ式羅針儀に交換された。

それ以外の2種類の羅針儀は問題なく機能したが、試験航海ではいくつか問題が起きた。

標準型羅針儀では艦自体がもつ磁性が原因である電気機械的影響により自差が発生したが、トリニダード島で行なわれた修正により大きな問題はほぼ解消されたようだった。23型液体式羅針儀での主な問題は、発砲時の爆風により羅針儀台頂部のガラス板が割れたことと、航行時の船体振動だった。試験航海報告書に

▶イギリス海軍のロード・ネルソン級戦艦HMSロドニーの羅針艦橋。

◀X砲塔左舷付近の甲板から前
方を見た、HMSドレッドノート
の上部構造物や三脚式前部マス
トの全体像。ドレッドノートと一
部のド級戦艦では檣楼への煤煙
流入が問題だった。〔訳註：原
書では触れられていないが、前
部マストやヤードから展張された
無線空中線、旗旒信号用の揚旗
索、支索をはじめとする"張り線"
に注意。各短艇の搭載法、また
上構のディテールもよく読み取れ
る1枚だ〕

はこう指摘されている。

　過度の振動にさらされる場合、このような重量の羅針儀を支持するには緩衝器という方式では不充分であり、ケルヴィン式鉄船用羅針儀のように外側ジンバル環を頑丈な螺旋バネで支持するなど、より効果的な方式が望まれる。

R・C・ベーコン、試験航海報告書、1907

　その就役期間中、ドレッドノートには艦内および艦船間用にさまざまな種類の連絡システムが設置された。重要な機関区画や兵装区画は下甲板に設けられた中央電話交換所を介して結ばれ、回線数は計46本で、内線も3本あった。また各射撃指揮所と機械室など、重要な要員間の通話用に直通の電話も設けられていた。

　ジョン・ロバーツは前掲の著書で、同艦の「交換台のランプと呼び鈴の電力は電動発電機により供給され

た、通話回線は電池で給電されていた」と述べている。その後のド級戦艦ではすべての電話関連装置が発電機から給電されるようになった。

　戦艦の無線設備に目を向けると、最初に装備されたのは不安定なテューンC Mk II通信機で、艦船間通信距離は250〜500海里だった。1911年に導入された改良型（1型）と、低出力近距離用の3型（近距離通信機とも呼ばれた）は、手旗信号に代わるものとして期待されていた。1917年に16型補助通信機と13型予備通信機の追加により、無線設備が近代化され、翌年には31型射撃管制通信機が装備された。

　各種の無線通信機を完備したドレッドノートなどの艦は数百mから数百海里までの距離で交信できたが、視覚通信（手旗や信号灯など）も近距離ではよく使われていた。

▶イギリスの超ド級戦艦では無線用の空中線は写真のように前部マスト上部から前部砲塔後方の支持部へ展張されていた。

換気および冷房設備
Ventilation and cooling

　20世紀の前半、換気および冷房用の設備は軍艦設計において極めて重要だった。これは実用面で大きく影響するにもかかわらず、設計の初期段階で無視、あるいは軽視されがちな要素のひとつだった。

　しかし、現実に換気が不充分な空間に身を置かざるをえない人々にとって、設計者の配慮不足が最悪の生存環境を生み出すこともあった。

　試験航海後、ドレッドノートの換気問題について以下の所見が示された。

1.以下の個所には通気口がなく、換気が必要である。
　　　司令塔下部
　　　信号塔下部
　　　船灯室
　　　参謀事務室
　　　電気機器庫および電池室
　　　准士官用喫煙室
2.以下の区画は換気が不充分である。
　　　各居住区画
　　　電気工場および兵器工場
　　　機械室倉庫
　　　配電盤室（これは風路の改修により改善されると思われる）
3.主甲板の換気改善にはより大型の扇車（20インチ程度）と通風路を設置すべきであり、可能ならば通風路は屈曲部を減らし、必要な屈曲部は現状よりも曲率を緩やかにする。給気の大部分は最初の数枚の調整扉と分岐部で勢いを失う。これらは遠くにあるほど小型化すべきである。
4.兵員厠で排気扇として使われている12.5インチ扇風機は全く必要性がない。
　　　　　R・C・ベーコン、試験航海報告書、1907

　上記文書の行間を読み込むと、軍艦が効率よく活動することと、その乗員の健康を維持するために、艦内の換気がどれほど重要なのかが見えてくる。換気不良区画リストの1と2に挙げられた箇所は工場や倉庫が多く、換気設備が皆無ないし不充分ならば有毒ガスの濃度が高くなり、また少なくとも耐えがたいほど高温になったことだろう。

　さらに換気不良は機械にとっても問題であった。新鮮な空気の流れがない場合には、繊細な電気部品の腐食が進んだ。それよりも問題だったと思われるのは、直流交流変換器や発電機などの機械が過熱して故障し

ただろうことである。

　機関効率を向上させると同時に、発生する膨大な熱を適度な水準に維持するため、缶室へ新鮮な空気を供給し続けることの重要さを考えた時、こうした機械類への配慮はさらに必要になった。

　1916年と1921年の2度、改訂再版された『現代軍艦の缶室への給気』では、缶室に給気を行なう際の物理的問題が仔細に研究されている。缶室の換気は、特に石油燃焼缶の場合、艦の性能のために最大限に考慮すべき事項であると1921年版の著者リチャード・W・アレンは指摘している。

　石油燃料を燃焼させる場合、石炭よりも高い気圧が必要なことは周知の事実であり、そのため送風機が消費するパワーはかなりの量となる。システムの蒸気消費量の節約、装置の重量と占有空間の減少といった効率性向上につながる改良は、いずれも結果的に艦の速力と経済性に必ずや好影響をもたらすだろう。
　　　　　　　　　　アレン、缶室への給気

　彼はまた主力艦で報告された諸問題の一部について学術的に下記のように解説している。

　最小限の抵抗で空気を取り込み、下方へ送気することの困難を考えれば、缶室への空気誘導の問題とともに、この重要な課題への取り組みがまだ端緒に就いたばかりであることを認めざるをえない。特にここ4年

間の海軍部隊の拡大と、その推進機関出力の大幅な向上を考慮すれば、はるかに大量の空気を送風機へ導入しなければならないはずである。

アレン、缶室への給気

ドレッドノートの艦上にある構造物のうち、最も目立つもののひとつともいえる通気筒は2本の煙突の両側にあり、それぞれが缶室に給気する送風機室につながっていた。

下層甲板の換気は電動扇車を備えた同様の通風路と、新鮮空気を取り込む従来型の通風筒などの各種開口部で行なわれていた。通風路内での望ましい風速は6.1〜7.6m/sだったが、大量の空気流量が必要な場合は14.6m/sが適正値となる例もあった。通風路の設計で重要だったのは、給気口から空気を必要とする場所まで、空気流が急な屈曲部や障害物が多すぎるために速度を奪われて滞留しないことだった。

ドレッドノートで問題となったのは、換気が不充分な箇所が所々あったのに加え、艦内の各所まで何百mも伸びていた蒸気管が、必要もないのに巨大なセントラルヒーティング設備のような働きをしていたことであった。ジョン・ロバーツの前掲著P.27によれば、試験航海後の最大の改修は発電機室と前部水圧機械室の脱出昇降路への排気扇の取り付けだったという（後部水圧機械室は現状で良しと考えられた）。これらの改造は1907年8月から11月にかけて行なわれ、25インチ電動排気扇が各室の脱出昇降路の主甲板開口部に設置された。

試験航海後に指摘されたもうひとつの問題がコルダイト火薬庫の温度上昇だった。

報告書にはこうある。

「火薬庫の換気は高温気候に対して不充分で、温度は摂氏38度にまで到達し、温度が高すぎてコルダイトにとって有害だった」

物理的に高温になるとコルダイトは化学的に劣化し始め、点火時の燃焼が不均一になった。また火薬の安定性も低下し、発火事故の危険性も高まった。この問題を解決するためドレッドノートの各火薬庫に換気装置が設けられ、冷却空気が2基あった蒸気駆動式の二酸化炭素冷却装置の1基から導入された。これにより火薬庫内の温度は、より安定的な摂氏27度にまで低下した。

ドレッドノートは複雑な構造物だったが、全体としては本質的に信頼性の高い戦闘機械であり、戦闘をしながら数千海里を航行できた。本艦以外のド級戦艦や超ド級戦艦の全艦が「使命を帯びて」世界の海を威風堂々と航行するさまは、大英帝国の造艦技術の発露でもあった。

▶戦艦用の換気装置に使用された2種類の扇車。被写体の人物と比べ、その巨大さに驚かされる。

▶▼1918〜19年に設計された蒸気タービン機関駆動式の軍艦用送風機2種。

◀射撃訓練後、穴だらけになった布製標的をX砲塔付近に誇らしげに掲げるドレッドノートの砲員たち。こうした訓練成果を発揮するためにも、充分な艦内環境を整える必要があったわけだ。（写真／NMRN）

第5章

乗員とその職務

The crew and their responsibilities

ド級戦艦や超ド級戦艦はひとつの生活共同体だった。その乗員数は小さな村の人口を上回り、団結して円滑に職務を果たせるようにするためには、組織作りと良好な職務上の関係が必要であった。

◀1906年当時のドレッドノートの士官室 "ウォードルーム" の様子。かなり贅沢なしつらえで、当直外の士官たちがくつろげるようになっていた。

▶誰もがスタートは下っ端からだったという実例写真。将来提督となるジョン・フィッシャーは1860年当時、士官候補生だった。（写真／NMRN）

▶▶「スキャッターズ」もドレッドノートの猫の1匹であった。一緒に写っている優しそうな水兵が着用しているのはイギリス海軍の標準型水兵服。

　大勢の人が一緒に住んで働いている場所において、暮らしが快適で仕事もうまくいっているとすれば、そこには規則と規律が存在するはずです。例えば、学校ならば何事についても時間が決まっていて、時間を守ることはそれ自体がご褒美である美徳ですが、だらしなければ罰が待っています。学校の一日は勉強、運動、食事、睡眠などに分けられています。それが学校の日課ですが、軍艦では日課がもっと大事なのです。

海軍ワンダーブック

　上記の引用は1920年代に出版された子供向けの本からだが、本章の主題にふさわしい導入部である。第一に同書が児童書であることが、現役水兵の多くがたかだか10代の中盤や後半の者も珍しくなかった状況において、その思考水準からそれほどかけ離れていなかったこと。第二に学校への例えは秀逸であるからだ。学校は上下関係を重んじる集団である点が、ある意味軍艦とよく似ていた。それが命令序列であり、すっかり身に染みついた日課で体現されたり、団結心で強められたりしていた。軍艦では、各乗員が自身の職務と義務、さらにその二つが他者のそれとどう関連しているのかを明確に理解することで、それは徹底された。艦長や上級士官からの命令序列というものが定着して、初めて艦は正しく機能すると考えられていた。それ以上にこれは単なる理屈の問題ではなく——むしろ

生死の問題だった。軍艦では戦闘による心的外傷に対して強靭な精神で立ち向かうのが現実的な処世術であるという気風が根強くあり、乗員が戦闘時に平静を失うことは少なかった。

　ドレッドノートの合計乗員数は約770名であり、超ド級戦艦時代の末期にはおよそイギリス海軍戦艦の乗員数は1,100～1,200名の範囲にまで増加していた。だが乗員数の多少にかかわらず絶対に不可欠だったのは、乗員が戦闘時に実際に行なうことになる各種職務を平時から訓練し、迅速かつ円滑に果たせるようにしておくことだった。

　1908年3月31日、イギリス海軍本部情報部は軍艦の乗員総覧を刊行した。この実情報告書はその種の文書の例にもれず、各主要艦の乗員について役職別に員数を列挙していた。そのためこれはドレッドノートの乗員の職務と構成〔訳註：日本海軍でいう"艦内編制"〕を知るのに格好の資料なのである。

　本章もHMSドレッドノートに限定して見ていくが、これは同総覧にあるベレロフォンやセント・ヴィンセントなど他艦のデータと比較したところ、ドレッドノートの乗員の職種と配属人数が基本的に海軍主力艦の多くと共通だったためである。好都合なことに、同総覧には乗員職種の下位区分も記載されており、以下の分析ではその編制に従った。本総覧の時点におけるドレッドノートの総乗員数は724名だった。

ᴺᴱ "DREADNOUGHT" BUYS 52 DIRIGIBLES AND 235 AEROPLANES.

A £2,000,000 BATTLE-SHIP; AND ITS EQUIVALENT IN AIR-CRAFT.

◀あらゆる兵器との価格を比較することでドレッドノートの建造費の巨額さを訴えるポスター。ド級戦艦の建造費は他の軍や兵種から羨望や反発を買っていた。ポスター上部の文章は「『ドレッドノート』1隻で、飛行船52隻と飛行機235機が買える。1隻200万ポンドの戦艦と同価格分の航空機」と書かれている。〔訳註：表題にこそドレッドノートの一言が書かれているが、下部中央に描かれている戦艦の姿は籠マスト風で、また後部マストに星条旗を掲げており、明らかにアメリカ海軍の戦艦がモチーフになっているのがおもしろい〕

"TOWSER"
H.M.S DREADNOUGHT

兵科
Military Branch

イギリス海軍将兵の第一の職種は兵科である（現在の英海軍では戦闘科と呼ばれている）。以下に示すように、これは最上位の艦長から最下位の若水兵までにわたる極めて大規模な職種だった。その規模は全職種中で最大であり、平時も戦時も艦の運用能力の根幹と、それに不可欠な業務のすべてを担っていた。

ドレッドノートの兵科の頂点は、当然ながら艦長大佐と副長少佐に加え、彼らを補佐する下表の士官たちからなる上級指揮官たちによって占められていた。

英海軍大尉	6
砲術所掌	1
水雷所掌	1
英海軍少佐または英海軍大尉	1
英海軍少尉	3

この集団は一体となって基本的に軍艦の指揮「頭脳」を形成し、艦長以下の士官たちは艦長の主要決定を下の甲板や構造物へ下令伝達するのが職務だった。それ以外の兵科所属者は、高度な専門技術をもつ特技者と一般水兵の混成集団だった。そうした特技者は主に砲術と通信技術に精通していた。2名の砲術長と1名の水雷長以外に、乗員総覧には掌砲手、砲照準手（一等、二等、三等）、掌水雷手、上等水雷兵などが並び、加えて艦の兵装の操作と整備を専門とする122名の要員が掲載されている。通信特技者には2名の電信手と以下の人員が「信号部」として掲載されていた。

掌信号長	1
信号兵曹	4
二等信号兵曹／上等信号兵	7
信号兵	6
二等信号兵または若信号兵	8

ドレッドノートの乗員名簿で特記すべきもののひとつが帆縫兵である。帆走船の時代はすでに遠い過去だったが、現代の軍艦でも大量の帆布などの布製物品が艦内各所に存在し、そのすべてに整備と修理が必要である。第二次世界大戦時ですら帆縫兵の職名が乗員名簿に記載されていることはよくあった。

砲術科や信号科の特技者が艦の意思決定作業に深く関わることもよくあった。艦橋で上級特技者が艦長と一緒に働き、技術的知識で指揮を補佐する例は多く、それにより艦全体、さらには僚艦にまで指示が効率的に届けられた。しかしそれ以外の兵科——真っ先に思い浮かぶのが水雷科——の者が陽光を目にすることは滅多になく、主甲板のはるか下で黙々と働いていた。

しかし、兵科の人員の大半は無数の班に分かれ、多種多様な一般職務を行なっていた。下士官に相当する上級者としては、士官候補生が18名、兵曹が22名、二等兵曹が13名、上等水兵が13名いた。彼らがドレッドノートで最も人数の多い存在、水兵と直接顔を合わせていたわけである。その数は一等／二等水兵が220名、一等若水兵が32名だった。若水兵は15歳半前後で海軍に入隊し、最長18ヵ月間を「二等若水兵」として勤めると進級し、16〜18歳の期間を一等若水兵として過ごした。18歳に達すると、彼らは二等水兵に区分された〔訳註：「若水兵」という階級は耳慣れないものだが、イギリス海軍に範をとった日本海軍にも明治の前半まで存在した。明治18年頃の日本海軍においては一等から四等水兵の下に五等卒として「一等若水兵、二等若水兵」があった。二等若水兵はいわゆる新兵教育中の半人前扱いで、3ヶ月を1期とする試験を受け、3期を修了すると4期として艦船における実施教育を受け、これに合格すると一等若水兵として艦船乗組候補者となった。海兵団の設立とともにこうした若水兵たちの教育は移譲され、大正9年には若水兵という階級は廃止、四等級に整理されている。年齢による階級区分は日本海軍には見られないもので、昭和の日本海軍では15才の志願兵も、20才すぎの徴兵も進級に関して同じ扱いで、四等水兵としての新兵教育が終わると三等水兵（あるいは三等機関兵、三等主計兵）になり、一定の服役期間で横並びに進級していった〕。

▲ある戦艦における、前部主砲塔まわりに集合しての記念写真。ド級戦艦や超ド級戦艦の乗員は約750名から1,200名弱の間だった。

　機関科に目を移す前に、こうした階級のひとつで独特な記録が残っている者について、より詳しく見ていきたい。士官候補生〔訳註：日本海軍では少尉候補生と称した〕は要するに研修期間中の少尉だった。将来高い階級が約束されていても、彼らがそこまで進級するには相当低い位置からスタートするのが現実だった。食事内容は簡単ないい加減なもので、さらに彼らは粗野な水兵の外見、ユーモア、序列などに慣れ親しんでいった。そうした点が士官候補生という階級を将来の勤務に役立つ修業期間にしていたのだった。歴史家にとって極めて有用なのが、彼らが記入を義務づけられていた日誌帳で、その目的と規定は前ページのコラムに示した。ドレッドノートではジョン・セインターム・カーデュー英海軍士官候補生のものが資料として

秀逸で、それは彼がドレッドノート、ディフェンス、ビーグルに乗り組んでいた時のものだった。以下の引用は1909年秋に書かれた彼の日誌帳からで、士官候補生の目を通してドレッドノートを見るうえで役立つだけでなく、彼らの生活がどのようなものかを知る手がかりとしても素晴らしい。

9月16日、木
午前6.30
HMSドレッドノート乗艦。艦内を案内される。午前中に夜間防戦訓練のため出航。午後8時抜錨、夜間防戦訓練のため航行。夜間訓練の目的は、以下の条件で艦が他艦に命中弾を与える能力を試すことである。

海軍での教育指導　下級士官用日誌帳
NAVAL INSTRUCTIONS　Journal and Note Book for the Use of Junior Officers

1. 士官候補生は洋上勤務の全期間、日誌帳を付けること。必要ならば2冊目の日誌帳を支給する。
2. 士官候補生の監督を命じられた大尉は、日誌帳を正しく付けさせる責任を負う。日誌帳は月1回艦長に提出され、その頭文字署名を得る。
3. 本日誌帳に求められる内容は、航海日誌の写しでも個人的日記でもない。そうではなく海軍士官の職業的義務における諸点について特に重要な事項を記すことを目的としており、記入完了時には有用な参考書となるであろう。また士官候補生は自身の観察力の練磨を促されるであろう。そのため本日誌帳には原則として聞き書きや写し書きをしてはならない。

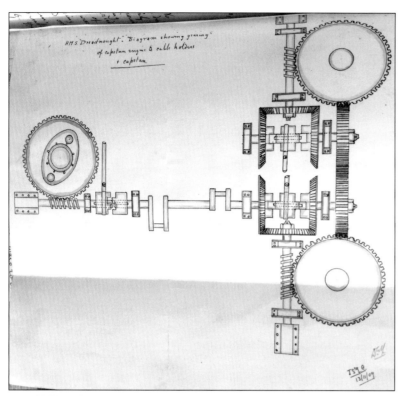

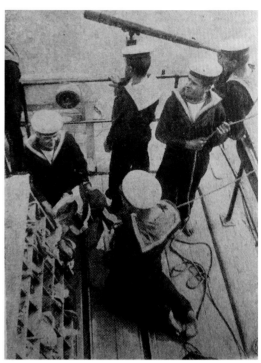

▲信号旗収納箱を整理する信号兵たち。信号兵は他の乗員から「旗振り芸人 "バンティング・トッサー"」などと揶揄されることもあった。

▲▼士官候補生日誌帳は見習い少尉の艦内生活を知るのに重要な記録である。ここに掲載した精緻な技術説明図はジョン・セインターム・カーデュー士官候補生の日誌帳に描かれたもの。

1）探照灯点灯後、単独の艇に対し、できるだけ早く命中弾を与える能力。その2、探照灯を用いずに別の艦を発見し、攻撃する能力。その3、探照灯を用いて複数の艦を発見し、攻撃する能力。試験は4種の方法で実施された。1）別の艦に曳航された標的水雷艇への射撃。2）（1）と同様だが、ただし別の砲を標的に指向して行なう。3）探照灯を用いずに洋上に係留された複数の標的を発見し、攻撃する。4）（3）と同様だが、ただし探

照灯を用いる。試験1と2では距離730から1万1,000mまでのいずれでも可である。試験3と4では距離1,800m以下になってはならない。多くの場合、標的発見後の制限時間は2分であった。

17日、金
ゴルスピー（?）湾へ到着し、午前中はここに錨泊。夜間防戦訓練の審判官団の乗艦後、午後8時に抜錨し、上記試験実施のため航行。午後12.30ドーノック（?）湾に投錨。

18日、土
翌朝午前5時抜錨し、クロマーティ入江へ航行。周囲に低く霧が垂れ込めていたが、艦の航法に問題なし。いつもの泊地に係留。

19日、日
午後、我々とベレロフォンとでの蹴球試合が組まれ、激戦の末、ゲームは我々の勝利となった。雨模様の日曜だったため、礼拝は主甲板で催された。

20日、月
イレジスティブル艦内で開廷される軍法会議に本艦から士官数名が出廷し、窃盗で告発された同艦の先任兵曹の審理にあたった。しかし罪状は立証されず、被告

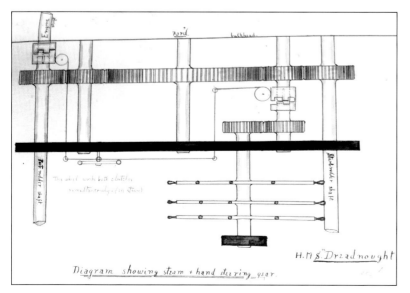

は釈放された。それが現行犯で発見されたのは午後の見張り時で、強欲な容疑者は馬鈴薯と野菜の入った袋を左舷後部舷梯に隠匿する行為を完了した。それが隠された直後、幸い2名の水兵がすぐさまその物品を艦内に取り戻した。艦長は激怒していたが、司令長官が指揮所で短艇が横付けしに来るのを待っているのを知らなかった。提督が後甲板で開催した舞踏会は、皆が口を揃えて言うには大成功だったそうだ。午後、キング・エドワード7世のある士官候補生が大事故にあった。彼はナイッグ（？）で崖から落ち、まだ生きてはいるが、頭蓋にひどい骨折を負っている。

わずか4日の間に、砲術訓練から規律問題までドレッドノートの艦内のさまざまな出来事が活写されている。こうした手記は巨大なド級戦艦や超ド級戦艦の乗員がその勤務生活の大半の時間を戦闘ではなく、巨艦を運用するという、それ自体に価値のある行為に費やしていたことを教えてくれる点で貴重である。

機関科
Engineer Branch

機関科は役職名を見れば、その職務内容は言わずもがなである。彼らの仕事は艦を機械的に、特に機関、補機、電気設備について機能させ続けることだった。

1908年版乗員総覧に記載されたドレッドノートの機関員は以下のとおりだった。

機関少佐または勤務8年以上の機関大尉	1
勤務8年未満の機関大尉または機関少尉	3
機関技師長または機関技師	2
機械室技師長	4
機械室技師	16
火夫長	9
機械工	最多で6
火夫曹	14
上等火夫	14
火夫	58

これらの人員の技術スキルと実務面での知識は実に高かった。機械室勤務の士官と技師たちがドレッドノートの機関と推進装置についての高度な専門家だったのは当然だが、階級的に低位の人員にもかなりのノウハウが必要だった。例えばイギリス海軍以外の資料にしばし目を向けてみると、1914年版「アメリカ海軍技術兵教範」の内容説明に機関科員の役割とは何かが間接的に説明されている。

◀朝、艦長を起こす英海兵隊の衛兵。

本書の掲載内容：船体と船具の整備維持法、海軍艦船の補機類の操作法。重量、寸法等の基本計算法、各種の規定と法律を収録。各種素材の重量と強度、検査規則と海軍が使用する木材全種についての解説。排水、衛生、換気用の設備、テレモーターをはじめとする操舵装置、酸素アセチレン溶接等の解説。鉄鋼船に使用されている塗料全種の標準調合法。甲板技術兵各職種に対応した試験問題集、技術および海事用語集も収録。

機関科員ほど多岐にわたる技術的知識の習得が必要とされる民間職業はまず思い浮かばない。このアメリカ海軍のマニュアルには824ページにわたって情報がぎっしりと詰まっているが、それ以外の諸国の海軍の機関科員も同様に広範かつ詳細な専門知識を発揮しなければならなかったはずである。ドレッドノートの構造の複雑さを考えれば、艦が事実上特に問題なく航行している時ですら彼らの仕事が尽きることはなかっただろう。当時の機関科員の日常がどのような様子だったのかについて、1907年の試験航海時の日誌から見てみよう。以下に取り上げたわずか数日間でも、これだけの技術的問題が発生していた。

1月4日
新しい電機子が左舷機関に取り付けられ、士官立会いのもとで試運転、申し分なし、フライホイール好調、ベアリング低温。午後8.30より1月6日午後2時まで

運転（41.5時間）。

1月6日
左舷機関、午後10時30分より運転開始。右舷機関とともに5時間運転。

1月7日
21.5時間運転後、午後10時に電機子スパイダ折損、ボルトヘッド剪断、フライホイールスピゴット一部脱落。

1月10日
午前10時、右舷機関が自然停止。回転式石油燃料ポンプのスピンドル折損を発見。予備スピンドル取り付け後、再始動。午後10時30分に停止。回転式ポンプスピンドルの鋼製への変更が要望される。オイル漏れ減少のため、カムシャフト導油管のオーバーフロー油

量の引き下げが要望される。

1月14日
右舷機関、15.5時間運転。機関急停止。回転式石油燃料ポンプのスピンドル折損を発見。予備部品取り付け後、再始動。

1月17〜18日
全般オーバーホール。弁装置の清掃調整、石油燃料ポンプのグランドパッキン再取り付け。空気圧縮機の高圧吸気弁を点検。
　　　R・C・ベーコン、試験航海報告書、1907

　これらの記述が示すように機関員たちは長時間働き、いつ起こるとも知れない骨の折れる故障修理にも対処しなければならなかった。
　機関科で最多の要員であり、最低階級の火夫ですら、単なる肉体労働者とはまったく異なっていた。炭塵と煤煙に息をつまらせながら下層の汚い缶室内で絶え間なく働き、何百トンもの石炭を石炭庫からカマにくべる火夫の仕事は確かに魅力的ではなかった。それでも彼らの職務用に1912年に作成された教範はかなりのページ数で、操作手順や汽缶がどう主機械を駆動させるのかという科学理論について複雑な内容が記されていた。ボイラーに火を入れ、蒸気を醸成するという単純な事柄だけでも一筋縄ではなかった。

汽醸：下令されたら、火を点けた薪で点火する。ダンパーが開、ドラフト板が閉、焚口扉が開であることを確認する。
　可燃物が汽缶の上面および側面に無いのを確認する。
　火炉の高さが異なる円缶では最初に下の火炉に点火し、汽缶温度を段階的に上げる。
　円缶では蒸気圧は徐々に上げ、水管式汽缶でも煉瓦構造部が新しい、または最近修理されたものは、可能ならば同様にすること。しかしそうではなく緊急性が求められる場合は、水管式汽缶はより迅速に蒸気を発生させることが可能である。
　しかし主機械を正しく加熱するには、必ず充分な時間をかけなければならない。
　手前の火が完全に着火したら、レーキで石炭の未点火部へ押し込み、火炉内全体に軽く投炭する。焚口扉を閉め、ドラフト板を開く。
　火勢はできるだけ抑え、機関が運転を開始するまで汽醸中は各開口部を閉じておくこと。これは蒸気噴出を予防し、火格子の変形歪みを防止するためである。
　　　　　　　　　　　　　　　　　　火夫教範

▼ドレッドノートの乗員の勤務時間の大半を占めていたのは一般整備だった。写真は清掃のためハーネスを使って煙突に登る3名の水兵たち。

◀この画では火夫の労働の汚さが強調されると同時に理想化もされている。機械の効率性と乗員の健康のため、缶室には大量の換気が必要だった。

工作科
Artisan Branch

　工作科もやはりイギリス海軍の技術特技者の兵科のひとつであり、艦の主要機械部とはそれほど関係しなかったものの、それでもやはり艦が機能するのに不可欠だった。要するに彼らは艦に属する職人集団であり、下記、ドレッドノートの乗員表にあった彼らの職種名を見れば、その仕事が自ずと理解できよう。

船匠長または船匠師	1
船匠手	2
木工長	3
木工	2
上等船匠師属	2
船匠師属	4
鍛冶手	1
鍛冶	2
管路手	1
管路工	1
一等塗工	1
二等塗工	1
桶工または二等桶工	1
桶工属	1
兵器工長	1
兵器工	1
兵器工長属	2
電気工	6

　この一覧表で最も驚かされるのは、その職域の広さである。これら職能の多様性はドレッドノートが完全に自己完結した共同体であり、そのすべてが身近な民間職業の海軍版であることを示している。こうして艦内には鍛冶屋、桶屋、塗装工、電気工、配管工をはじめ、伝統的な海事職業である船大工や、軍事技術者である兵器工が揃うこととなった。

▼第二次世界大戦時でも、視程内においては写真のように手旗信号が使用されていたが、ユトランド沖海戦後には、近距離無線通信機の改良が望まれるようになった。

▶船体塗粧を塗り直される戦艦の光景。

▼この図解は超ド級戦艦の司令塔部の断面である。完全に正確であるとは言えないが、艦内各区画での乗員の活動がわかりやすく図示されている。

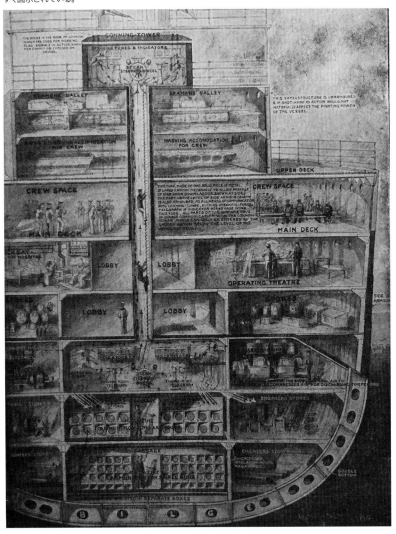

医務科
Medical Branch

　軍艦の医務科は乗員の健康と衛生の維持、治療を担うため、常時機能している必要があった。平時でも対処すべき事故や病気の発生は絶えることがなく、滑りやすい梯子や弾薬といった危険物にこと欠かない艦内では死者が出ることは不可避だった。ドレッドノートの医療設備はあらゆる外科措置や疾病治療に医療チームが対応できるように整備されていたが、重篤な場合は陸上の病院にできるだけ早く搬送したほうが良かったのはもちろんである。

　この医療チームは全般的な健康習慣に関する情報センターでもあった。その当時の医療報告書で示されているとおり、海軍で大きな問題だったのは上陸時に感染する性病で、医療的問題の50%以上が淋病や梅毒などの症状に関するものだった。結核や南方病のマラリアなど、それ以外の一般病にも艦の医療区画は休むことなく対応していた。

　1908年版乗員総覧に記載されたドレッドノートの医務科人員は以下のとおりだった。

艦隊軍医長または軍医長	1
軍医	2
看護長	1
副看護長	1
看護夫	1

その他の科
Other branches

　忘れられがちであるが、艦の乗員に不可欠な職種が
主計科で、主計長を筆頭に、彼を支える主帳、計算夫、
書記などの小規模な班からなっていた。この科は艦の
会計業務を担当し、乗員の給与支払いから寄港時の糧
食その他物品の購入までを監督していた。特記すべき
は主計科には艦の烹炊員の多くが属しており、その理
由は言うまでもなく糧食予算の健全な管理や貯蔵品を
無駄なく使用するためだった。乗員総覧にあるドレッ
ドノートの烹炊員は以下のとおりだった。

主厨長	2
主厨	1
上等厨夫	3
厨夫または二等厨夫	4

　また「士官付き従僕厨宰」という独立した部もあっ
た。この部には一等、二等、三等の従僕／厨宰がおり、
指揮官、士官室、士官次室、准士官などの「附き」と
して配属され、艦の上層階級の身の回りの世話や飲食
時の給仕を行なっていた。

　また、ドレッドノート時代の軍艦には海兵隊員が乗
り組んでいるのが普通で、これには砲兵隊と歩兵隊が
あった。イギリス海兵隊は陸上戦闘を主任務とし、必
要とあらば敵艦への"移乗攻撃"も辞さない存在であ
る。海兵隊砲兵用の車輪付きの軽砲が1門、艦内に積
まれているのが普通だった。

　1908年当時、ドレッドノートの海兵隊指揮官は、
少佐または大尉が1名に、少尉が1名だった。それ以
外の編制は以下のとおりだった。

砲兵隊	
軍曹	1
伍長または砲兵下士官	3
喇叭手	1
砲兵	26
歩兵隊	
軍曹	1
伍長	2
喇叭手	1
海兵	26

▶仕込み中の主厨。超ド級戦艦などの大型艦では、1日あたりの糧食消
費量の合計は7〜10トンにも上った。

試験航海で望まれた烹炊関連設備の改善点
SUGGESTED COOKERY IMPROVEMENTS FROM THE EXPERIMENTAL CRUISE

烹炊設備
Cooking Apparatus

46．烹炊釜用の給水設備は使いやすく改修する必要がある。「ドレッドノート」に設置された設備には詰まりが多く、故障を防ぐには最大限の整備と注意を必要とする。烹炊釜の給水用に大型手動ポンプが必要である。

47．保温戸棚がもう2台あれば便利である。それらは現状、鉄製食器戸棚のある位置に設置するのが望ましい。この食器戸棚は烹炊所に近すぎるため無用物と化している。

48．床面はタイル仕上げとすべきである。そうすれば見目も整い、清潔維持も容易となるが、現状のコノライト仕上げはすぐ劣化して穴だらけになり、復旧は不可能である。

製パン所
Bakery

48A．パン生地の練り上げ作業場が室として独立しており、オーブンに隣接しているのは大変使いやすく、「ドレッドノート」の設備設計は非常に満足いくものである。パン生地練り上げ室は通気を遮断可能にすべきであり、開口部には格子ではなく開閉可能なサッシ窓を設けるべきである。

48B．製パン所の床面はタイル仕上げとすべきである。

49．各製パン所には標準設備として時計と温度計を設置すべきである。

▼高射指揮装置（HACS）とそれを操作するイギリス海軍戦艦HMSリヴェンジの要員たち。この装置は対空射撃時に苗頭を算出した。HACSがリヴェンジに装備されたのは1930年代だった。

艦内編制における軍楽奏者は上記した喇叭手だけではなかった。艦には正規の軍楽隊があり、1908年のドレッドノートでの編制は以下のとおりだった。

一等軍楽師	1
軍楽伍長	1
軍楽手	13

軍楽隊は儀礼と娯楽の二つの任務を担当し、その必要性から各軍楽手はどんな音楽でも演奏できた。高官と令夫人たちの訪艦時には優雅なワルツを演奏し、またある時は水兵のために乗りのいい流行曲を陽気に演奏していたことだろう。

最後にぜひ挙げておきたい興味深い職種としては、「精肉夫」、「ランプ調芯夫」、「潜水夫」、「裁縫夫」などがあった。

本章ではドレッドノートの乗員編制を概観してきたが、イギリス海軍や外国海軍のどの軍艦にも多彩な才能、経験、知識、専門技術に長けた人々が乗り組んでいた。確かに軍艦は鋼鉄と木材でできた戦力発揮のための道具だったが、それはこうした乗組員たちの能力があって初めて機能したのだった。

◀甲板上を人力運搬される主砲弾薬。砲弾は慎重に運搬するだけでなく、一定の温度（しかも一定値以下の湿度）で保管することも必要だった。

▲悪天候下、短艇を発進させる水兵たち。手足の骨折や、海中への転落の可能性も高い危険な任務である。

▲この超ド級戦艦の艦尾断面図は、戦艦乗員の生活空間が階級によって文字どおり階層化されていたことを示している。

第6章

ド級戦艦の興亡
Dreadnoughts in war and peace

1910年代と1920年代、間違いなくド級戦艦と超ド級戦艦の存在は列強海軍の意識を支配していた。しかし、空前の破壊力を秘め、建造費も莫大だったにもかかわらず、彼女らが輝きを放った期間はあまりにも短かった。

▶右舷後方からの美しい姿を見せて停泊するドレッドノート。給炭用デリックは前部マストの左右両舷のどちら側にも展張できた。(写真／NMRN)

▲白波を蹴立てて航行するクイーン・エリザベス級超ド級戦艦HMSバーラム。後方に姉妹艦マレーヤと空母アーガスが続航している。

1941年11月25日、クイーン・エリザベス級超ド級戦艦HMSバーラムは、ネームシップのHMSクイーン・エリザベスと、やはり同級の戦艦HMSヴァリアントとともに、エジプトのシディ・バラーニ北の地中海を航行していた。この3隻の巨艦と駆逐艦8隻からなるイギリス海軍のK部隊は、イタリアと北アフリカを往来する枢軸軍輸送船団の掃討に努めていた。威風堂々と地中海を往く鋼鉄の巨艦の勇姿は見る者の目に無敵のごとく映ったであろうが、その心象はもろくも崩れ去ることとなった。

午後4時25分、ドイツ海軍潜水艦U-331艦長ハンス＝ディートリヒ・フォン・ティーゼンハウゼン海軍中尉は、わずか685mの距離、まさに眼前を航行する巨大な敵艦に魚雷を開進発射するよう命令した。発射された魚雷のうち3本が突進すると、近接してその目標へ命中、船体に破孔をうがった。

これがバーラムであった。

大打撃を負ったバーラムには数千トンの海水が流入、次第に左舷へと傾斜していき、数十名の乗員が船体から滑り落ちたり、舷側にしがみついたりしていた。

この背筋の寒くなる光景の一部始終は僚艦ヴァリアントに乗艦していたパテ映画社のカメラマン、ジョン・ターナーによって映画撮影されたが、彼はその次に起きたことも目撃した。前檣が着水した瞬間にバーラムの火薬庫が轟音とともに大爆発し、船体は二つに引き裂かれ、一瞬にして海底に没した。数分後、それが存在していた証しは、海面から立ち昇る陰鬱な黒煙の墓標だけとなった。

HMSバーラムが大きさでも建造費でもはるかに小さな艦により撃沈されたことは、短い年月の間にどれほど海戦の様相——ド級戦艦を取り巻く環境——が変化したかを象徴する出来事といえた。かつてドレッドノートが世界に姿を現した1906年当時、戦艦は完全に海の王者であり、史上最強の軍艦だとすら考えられていた。しかしそれから30余年後、まず潜水艦が、次に海軍航空機が新たな「海の捕食者」となり、皮肉にも戦艦は「外しようがない巨大な標的」同然となってしまった。第二次世界大戦中、その事実を痛感させる戦訓があまりにも多かったため、戦後急速に、各国の戦艦は絶滅していくのだ。

それにしても、全乗組員1,184名のうち841名が戦死するというHMSバーラムの悲劇は、その最初の兆しではまったくなかった。すでに1939年10月14日に

▶1941年11月25日、パテ映画社のカメラマンにより撮影された、火薬庫爆発によるHMSバーラムの壮絶な最期の様子。

リヴェンジ級戦艦のHMSロイヤル・オークが、比較的安全と考えられていたイギリス本国のスカパ・フローで停泊中にUボートの攻撃により撃沈されていたのである。命中したのはU-47が放った1本の魚雷で、その艦長は将来Uボートエースとなるギュンター・プリーン大尉だった。ロイヤル・オークの戦死者は833名にも達した。

　これはイギリス海軍の第二次世界大戦初期の戦闘損失としては衝撃的で、強力な戦艦の脆弱性を知らせる悲壮な警鐘だった。

▶1939年にHMSロイヤル・オークがスカパ・フローでUボートに撃沈された事実は、海軍上層部に衝撃を与えた。写真は在りし日の同艦の姿で、B砲塔後方に設置された測距儀が目を引く。

HMSロイヤル・オーク沈没経緯調査委員会の議事録抜粋
PARTIAL TRANSCRIPT OF THE BOARD OF INQUIRY PROCEEDINGS INTO THE SINKING OF HMS ROYAL OAK

　0116〔訳註：洋の東西を問わず、おおかたの海軍では時間制を24時間で表す。0000は午前零時、1200は午前12時／午後零時。0116は午前1時16分を表す〕に戦艦ロイヤル・オーク艦長はまだ士官数名とともに冷房機室の近くにいた。

　以下は彼自身の言葉である。

　「私には可燃物庫で小爆発が起こったとしか考えられなかった。冷房機室が無傷という報告も、その考えの裏付けになった。自艦が魚雷攻撃を受けていたとは微塵も思わなかった。艦の安全には全然不安を感じていなかった」

　突然「強烈な」爆発がもう一度起こり、さらに短い間隔を置いて第三と第四の爆発が続いた。これらの爆発が起こったのは右舷で、だいたいA砲塔とX砲塔の間だったが、直ちに破滅的な影響を及ぼした。その直後に艦は右舷へ傾き始め、おそらく3、4分間はかすかな「揺らぎ」だったが、傾斜速度は加速していき、0129に転覆した。

　第二の爆発が起こった瞬間から艦を救う実効性のある対応は事実上不可能となり、照明は消え、電力も途絶えたため、「総員退艦」の命令を放送することも不可能になった。艦内各所の士官たちは付近の兵に各自脱出するよう命じた。艦長はまだ錨鎖庫にいた。彼は士官と兵たちに庫内から出て暗闇の中、後方の居住区へ歩くよう命じた。彼は兵たちを船首楼に向かわせると、その後を追って上がった。船首楼で彼はこの傾斜速度では艦の転覆は必至と確信し、できることはカーリーフロートなどを舷側から投げ落とすぐらいしかないと思った。艦長と副長は数名の兵の手を借りてそうしようとしたが、艦の転覆するスピードが速すぎて、ほとんど何もできなかった。数分後、甲板が立っていられないほど傾斜したため、彼らは左舷の手すりにしがみついたが、それも海中に滑り落ちるか飛び込むまでだった。

　艦が転覆し、最終的に沈没したのは0129だったが、これは最初の爆発から25分後、第二の爆発から13分後のことだった。左舷によじ登ってからビルジキール、船底へと向かったある士官が、飛び込む前に確認した時刻は0133だった。

ADM 199/158、事後調査委員会議事録

▶ドレッドノートは写真に撮影されるだけでなく絵画の題材にもされた。この画には防雷網展張桁などのディテールも描き込まれている。〔訳註：邦訳版のカバー裏の絵画と同じもの〕（写真／NMRN）

錨を上げて
Under way

　ここで再びド級戦艦と超ド級戦艦たちの栄光の日々に目を戻そう。とはいえ、各艦の戦歴を詳細に追うのは不可能であるから、ドレッドノート単艦の戦前の動向を追い、そして両世界大戦にわたる期間の大英帝国のド級戦艦と超ド級戦艦たちの全般的な戦歴について見てみたいと思う。

　ドレッドノートが全乗組員を迎えて就役したのは1906年12月だった。年が明け、彼女の生涯で最初の大航海となったのが先述の試験航海である。これは1907年1月5日にポーツマスを出港し、3月23日に同港へ帰着して終わったが、この間にスペイン、ジブラルタル、サルディニア島、再びジブラルタルを経てから大西洋を横断し、トリニダード島にまで足を延ばしていた。

　この処女航海について見ていく前に、当時、イギリス海軍本部の一部では諸外国にはこれほどの巨艦を納めることのできる船渠（ドック）が無いのではないかと懸念していたことも知っておくべきだろう。

　1906年10月9日、イギリス海軍水路部に対し、以下のような公式要請が出されている。

　「貴官に可及的速やかに英国および諸外国に現在存在する『ドレッドノート』規模の艦を収容可能な船渠の一覧表を提出していただければ、第一海軍卿はお喜びになられるであろう」

▶1906年、艤装工事中のドレッドノート。すでに主砲と上部構造物の大半が取り付けを終えている。（写真／NMRN）

これに対する回答は以下のとおりだった。

　ドイツには『ドレッドノート』を収容可能な船渠が
ブレーメルハーフェンに１ヵ所、ヴィルヘルムスハー
フェンに１ヵ所あり、後者ではさらに２ヵ所が竣工間
近である。

　フランスには、我々の知りうる限りにおいては、『ド
レッドノート』級が使用可能な船渠はない。トゥーロ
ンに１ヵ所竣工する可能性があるが、是と断言できる
ほど正確な竣工寸法はいまだ入手に至らず。ブレスト
にも建設中のものが１ヵ所あり。

　イタリアでは、ナポリで建設中の船渠が『ドレッド
ノート』を収容可能と思われる。

　日本には長崎に１ヵ所あり。

　アメリカにはサンフランシスコに１ヵ所、建設中の
ものが３ヵ所（ノーフォーク、フィラデルフィア、ブ
ルックリン）あり。

　イングランドにはタインのヘブバーンに１ヵ所、サ
ウサンプトンに１ヵ所、バーケンヘッドに１ヵ所（建
設中が２ヵ所）あり。おそらくリヴァプールとグラス
ゴーにも１ヵ所あり。ベルファストで１ヵ所が建設中。

▲1906年2月10日、国王エドワード7世を迎えて盛大に催されたHMS
ドレッドノートの進水式の様子を伝える1葉。（写真／NMRN）

▼1906年2月22日付けの新聞に掲載された、HMSドレッドノートと
USSコネティカットの比較記事。その注目度からアメリカ海軍に与えた
衝撃の大きさがうかがえる。〔訳註：上の図がドレッドノートを表して
いるが、竣工前ということもあり、シルエットが実艦と違うのが興味深い〕

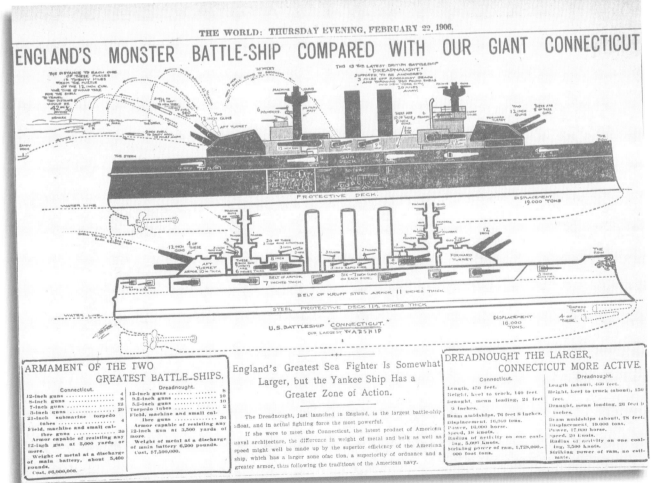

▲その当時、ポーツマス港に係留されていたHMSヴィクトリー（写真左）を臨みつつ外洋へ向かうHMSドレッドノート。いずれもイギリス海軍を象徴する存在だが、両艦の間には100年の歴史が横たわっていた。

この一覧からわかるのは、ドレッドノートは兵站面でも新たな問題を提起しつつあったということだが、それは彼女の試験航海にはほとんど影響しなかったようだ。

試験航海中のある一週間の日報を概観するのは、本艦が慣熟度を高めていくのを知るだけでなく、平時におけるドレッドノートでの艦内生活を全般的に追体験できるという意味もある（別表参照）。

試験航海に加え、彼女の現役初年におけるそれ以外のさまざまな演習や試験は、ドレッドノートが航洋性を備えた扱いやすい艦であることを実証した。「極秘、H.M.S.『ドレッドノート』（政務次官討論用資料）」と題された当時の資料には、本艦への批判が出された場合に備え、擁護するための論拠がいくつも記されている。

公式旋回試験の結果、「ドレッドノート」はその全

日付	実施した訓練など
1907年1月5日（土）、スピットヘッドおよび外洋	午前8時ーポーツマス出航。
1907年1月7日（月）、外洋およびアローサ湾	午後3時40分ーアローサ湾に到着、投錨。ドライヤー大尉がエクスマスより乗艦。
1907年1月8日（火）、アローサ湾および外洋	午前、外港防雷網展張訓練（初次）。外洋航海準備。午後3時45分ー抜錨し、ジブラルタルへ航行。
1907年1月9日（水）	薬嚢点検に水兵動員。12ポンド砲揚弾機および苗頭教示装置準備。火薬庫、弾庫等を清掃。
1907年1月10日（木）、ジブラルタル	6時5分［ママ］ー旋回運動試験実施。午前9時ージブラルタルの第9および第10浮標に繋止。給炭準備。午後 - 石炭艀順次接舷。
1907年1月11日（金）	1,780トン給炭完了。
1907年1月12日（土）、ジブラルタル	給炭後、全艦清掃。汽船ペトロリアムより給油。
1907年1月14日（月）、ジブラルタルおよび外洋	出航準備。11時10分ー抜錨、アランチ湾へ航行。Y砲塔砲員と12ポンド砲7門の砲員を教育。夜間ー探照灯を点灯し、全探照灯要員、砲員、射撃管制員を訓練。

▲第一次世界大戦前、スウェーデン国王の訪英を歓迎する観艦式のため、本国艦隊をスピットヘッド泊地へ先導するドレッドノート。(写真／NMRN)

長の艦としては極めて高い操縦性を示した。本艦の試験での性能を近年設計された戦艦のものと比較したところ、同速力（12ノット）において本艦は「キング・エドワード7世」級の艦とほぼ同じ半径で旋回し、旧式戦艦の「ダンカン」、「フォーミダブル」、「カノーパス」級よりも旋回径が小さかったが、後三者の艦は全長が「ドレッドノート」よりも27mから30m短かった。

速力19ノットにおける「ドレッドノート」の旋回径は、16ノットの「キング・エドワード7世」のそれよりもわずか23m大きいだけで、速力15.5〜16.5ノットの「ダンカン」、「フォーミダブル」、「カノーパス」級よりも小さかった。

しかし外洋における本艦の操縦性の良さは、あらゆる速力域での旋回径の小ささのみに留まらなかった。本艦は横動揺の傾向も皆無で、戦艦だけでなく、より船体の長い装甲巡洋艦でも見られる舵の効きの粗さもなかった。操舵時、本艦は変針角の0.75倍の舵角から舵を戻し、数度の当て舵だけで容易に直進に戻せる。従来の大型艦では例外なく変針角の1.25ないし1.5倍の舵角から舵を戻すのが常で、船の行き足を止めて直進させるために最大15度もの当て舵を要することすらあった。

スクリュー停止時からの旋回でも本艦は非常に操縦性に優れ、風向と流向の両者において上方、下方への旋回も容易で、これは1890年以降建造された内回りスクリューの戦艦および大型巡洋艦では決して見られ

なかった操縦性である。

この報告書は本艦の運動性能を好意的に謳い上げているが、こうした書類の性質上、執筆者がひいき目で論評しているのは明らかである。本書の各章で見てきたように、試験航海で明らかになった改善を要する問題点のリストは長大なものだった。

1908年から1914年まで、ドレッドノートは当時の主力艦の大半と同様、ほとんど艦容に変化はなかった。海軍における1年は各種試験の実施、演習と砲術訓練、そして艦隊の一員として観艦式や戦略的演習への参加、あるいは船渠での修理と改装に時間が費やされるのが常だった。海外遠征について見ると、1908年と1909年に本艦は戦略訓練と演習を本国艦隊と大西洋艦隊の所属艦とともに実施し、1911年初めと1912年には同様の演習を本国、大西洋、地中海艦隊とともにスペインの北西沖で行なっている（他に1912年での特記すべき出来事としては、HMSサンダラーおよびオライオンのためにバントリー湾で実施した標的艦の曳航がある。この時、サンダラーは新型の方位盤システムの試験を行なった）。1913年9月22日にドレッドノートは地中海へ出航し、第1および第4戦艦戦隊と第3巡洋艦戦隊とともに訓練を年末まで続けたことが最も目立った行動で、1914年4月にはイギリスに帰還した。そのわずか3ヵ月後、ドレッドノートを含むイギリス海軍の全艦艇が大戦に突入したのだった。

▶蒸気外輪曳船により港外へ導かれるドレッドノートの左舷中央部。よく観察すると、砲身を前部上構に平行に揃える舷側砲塔の基本位置がわかる。
（写真／NMRN）

戦時中のド級戦艦たち：1914～18
Dreadnoughts at war: 1914-18

　もし厳密にド級戦艦と超ド級戦艦のみに限定するならば、それらが経験した艦対艦戦闘は第一次世界大戦勃発以降、1916年5月末に生起したユトランド沖海戦までほとんどなかった。しかし、それは敵との遭遇や事故とはまったく無縁ということを意味していない。

　ロイヤルネイビー ——イギリス海軍が緒戦で被った大きな痛手のひとつが、1914年10月27日のキング・ジョージ5世級超ド級戦艦HMSオーディシャスの喪失だった。アイルランド北部、ドニゴール沖のトーリー

島付近で第2戦艦戦隊の1艦として射撃試験を実施中だった同艦は1発の機雷に触れた。浸水は次第に深刻になり、8時間後にとうとう沈没。だが、幸いなことに死者は出なかった。しかし、たった1個の浮遊機雷が海軍の王座を占める"戦艦"を沈没させたという事実は、イギリス海軍本部上層部の心胆を大いに寒からしめることとなった。

　また、大戦初期には敵潜水艦による被害もあった。1914年8月8日、オライオン級超ド級戦艦HMSモナークがシェトランド諸島のフェア島沖でドイツ海軍潜水艦〔訳註：いわゆるUボート〕U-15の発射した魚雷を喫したが、本大戦でイギリス戦艦がこのような攻撃を受けたのは初めてだった。ドレッドノートも1915年3

▼ドレッドノートの煤煙問題がよくわかる写真。航行中は第1煙突からの煤煙が前部マストの檣楼にかかる可能性が常にあった。
（写真／NMRN）

月18日、ドイツのUボートに遭遇することとなった。その日ドレッドノートがスコットランド北端のペントランド海峡沖で第4戦艦戦隊との訓練を終えて帰還中だったところ、オットー・ヴェディゲン大尉が艦長を務めるU-29が突如前方に浮上した。実は同潜はHMSネプチューンに魚雷を1本発射した直後だったが（命中せず）、水面上で発見したのは体当たり攻撃をしようと自艦に迫りくるドレッドノートの姿だった。戦艦ははるかに小型な潜水艦にまともに突っ込み、真っ二つにされたU-29は全乗組員もろとも沈没した。しかしこの戦闘ののち、ドレッドノートが砲撃戦を経験することはとうとうなく、ユトランド沖海戦時は改装工事中だった。

　敵国であるドイツ海軍の戦艦たちの活動も似たようなもので、両艦隊の主力艦たちは注意深く距離を保っていた。もちろん、ユトランド沖海戦の前にも大規模な戦闘はあるにはあった。

　例えば1915年1月24日に生起したドッガーバンク海戦では、ドイツの巡洋戦艦ザイドリッツ、モルトケ、デアフリンガー、装甲巡洋艦ブリュッヒャーが、イギリス海軍のデイヴィッド・ビーティー提督麾下のライオン、タイガー、プリンセス・ロイヤル、ニュージーランド、インドミタブルからなる巡洋戦艦部隊と激突していた（両艦隊の戦力組成には重巡〔訳註：原書でheavy cruiserと記述。現在一般的に使われる、ワシントン条約で規定された重巡の意味ではなく、装甲巡洋艦に対する防護巡洋艦の、大きなものの意〕も含まれており、ドイツ側には水雷艇18隻もあったが、全体ではイギリス側が数的に優勢だった）。砲撃戦は距離1万8,000mから開始され、巨砲主義の正しさを完

壁に証明することとなった。両軍とも深刻な被弾をしたとはいえ、ブリュッヒャーを撃沈されたドイツ側の損害が"大"と判定できるものであったが、しかし結局、ビーティー艦隊はそれ以外の敵艦を取り逃がしてしまった。

　このドッガーバンク海戦に代表されるような巡洋戦艦同士の戦闘はあったものの、巨大なド級戦艦や超ド級戦艦といった主力艦同士が戦う機会は大戦の最初の2年間ほとんどなく、彼女らはまだその投資価値を証明していなかった。

　それが一変したのがユトランド沖海戦である。

▲キング・ジョージ5世級超ド級戦艦HMSオーディシャスで、前檣楼〔訳註：艦橋と前部マストが一体となった形状のもの〕中段の、かつての戦艦でファイティングトップと呼ばれた部分にあるのは方位盤射撃指揮所。本文中にもあるようにオーディシャスは1914年10月27日に触雷のため失われ、イギリス海軍に衝撃を与えた。（写真／LOC）

▼ドイツ海軍の潜水艦U-29の艦長はオットー・ヴェディゲン大尉であった。写真は1915年3月、最後の航海に向かう同艦の姿を捉えたもの。U-29は3月18日にドレッドノートの体当たり攻撃を受け、撃沈された。

▲1912年にニューヨークを訪れたドイツ海軍戦艦モルトケ。モルトケは28cm砲10門を搭載し、設計速力25.5ノットと高速を誇った。（写真／LOC）

ユトランド沖海戦
The Battle of Jutland

　ユトランド沖海戦は史上最大の戦艦同士の戦闘であった。

　1916年5月31日、ラインハルト・シェーア提督麾下のドイツ大洋艦隊と、フランツ・フォン・ヒッパー提督率いる重索敵部隊が、ビーティー麾下の巡洋戦艦隊をはじめとするイギリス「大艦隊（グランドフリート）」の部隊に決戦を強いるべく北海へ出航した。ドイツ艦隊は索敵部隊のみでも巡洋戦艦5隻とその他35隻の艦艇からなり、さらに主力部隊は計22隻のド級戦艦、超ド級戦艦ないし巡洋戦艦に加え、その他37隻の艦艇で構成されていた。

　この攻勢が察知されるやイギリス「大艦隊」の全艦には出撃命令が下され、ドイツ艦隊の迎撃に向かうこととなった。イギリス艦隊の99隻の艦艇のうち、何と24隻がド級戦艦であり、これに従うビーティー麾下の巡洋戦艦部隊52隻には巡洋戦艦6隻と超ド級戦艦4隻からなる巨砲艦部隊があった。こうして史上最大

の海戦の舞台がここに整った。

　数時間にわたって英独両艦隊は敵を発見、迎撃しようと複雑な機動を繰り広げたが、双方ともに敵の正確な戦力編成を見極められないでいた。そんななか、ビーティーの偵察部隊が5月31日午後にヒッパー部隊を発見、午後3時48分に距離1万5,100mで砲戦が始まった。

　しかし、戦闘の初期段階はビーティーの思惑どおりにはいかなかった。

　イギリス海軍の巡洋戦艦インディファティガブルは、ドイツ海軍の戦艦フォン・デア・タンから放たれた主砲弾に被弾すると、2度爆発して船体が砕け散り、わずかに乗員2名を残して轟沈してしまった。ドイツ海軍の戦艦デアフリンガーもイギリス海軍巡洋戦艦クイーン・メリーに同様の運命を強いたが、撃沈される前に本艦はザイドリッツに主砲弾を数発命中させていた。ビーティーは攻撃を続行したが、大洋艦隊の全艦の前面に出てしまったため退避戦を強いられ、2時間にわたる戦いで双方とも命中弾を受けた。このようにしてシェーアとヒッパーは「大艦隊」との直接戦闘に引き込まれたのだった。

　その激突は、シェーアには衝撃的だったことに、ジェ

リコーの「大艦隊」が最初の砲弾をドイツ艦に撃った 午後6時30分に始まった。畏怖を抱かせる大火力が解 き放たれ、両艦隊では被弾による戦死者が増えていっ た。この戦闘中、イギリス艦隊は「ドイツ艦隊の丁字 戦法を横切る」ことまでやってのけ、シェーアに戦闘 を打ち切って撤退しようと決断させるまでに至ったも のの、彼は午後7時頃に分裂した（と誤認された）イ ギリス艦隊に対して優位を確立しようと、再び部隊を 戦闘に向かわせた。

間もなく両艦隊は接敵行動を中止、ジェリコーはド イツ艦隊の戦場離脱を阻止しようと試みたが、不成功 に終わった。この行動は戦闘終了後、議会と世論から 激しい非難を浴びることとなる。

最終的にこの海戦でイギリス側は巡洋戦艦3隻（上 記の2隻に加え、インヴィンシブルも火薬庫の爆発で 轟沈）、巡洋艦3隻、駆逐艦8隻を6,094名の人員とと もに失った。

一方、ドイツ側の最終的損害は前ド級戦艦1隻、巡 洋戦艦がリュッツォウ1隻（インヴィンシブルを撃沈 したが、自らも24発被弾し、最終的に航行不能とな り雷撃処分された）、軽巡洋艦4隻、水雷艇5隻で、戦 死者は2,551名だった。

この戦いによる人的損害は確かに重かったが、イギ リスにとってユトランド沖海戦は自国海軍の戦闘即応 能力について学ぶべき研究課題の宝庫といってよかっ た。いくつもの重要な戦訓が、時には痛みを伴って突 きつけられた（本海戦の英海軍による総括は、本書 P.126～127へ収録した）。より効果的な索敵と偵察

の方法に加え、艦船間の無線通信も改良が必要とされ た。射撃管制面ではドイツ側に大きな優位が認められ たため、射撃戦術の改善も重要な課題とされた。

だが、3隻の巡洋戦艦が爆沈したことは、あらゆる 戦訓のうちでも最大のものだった。今回の戦闘で見 られた破滅的な火薬庫爆発を防ぐため、その後のイギ リス艦は可能なかぎりの重装甲を施されることとなっ

▲ユトランド沖海戦での数多き悲劇のひとつ。ドイツ巡洋戦艦フォン・デア・タンから命中弾を受けて炎上しながら沈没するHMSインディファティガブル。

た。ユトランド沖海戦後に行なわれた議論は複雑で、イギリスの艦船設計法の功罪についての議論は現在も続いている。

提議された公式勧告の一部は以下のとおり。

10.特に研究が求められるのは以下の諸点である。

　(a)火薬庫の位置。そのすべてを船体内で可能なかぎり低く、また中心線上に配置せざるべきか。

　(b)被弾火災および魚雷からの火薬庫の防御。これは赤熱した弾片がたったひとつ火薬庫を貫徹しただけでも、その内容物を爆発せしめるのに充分であったのが確認されたため。

▼ユトランド沖海戦で被弾し、損傷を受けたイギリス海軍超ド級戦艦HMSコロッサスの前部上構。ここでは戦死者はなく、水兵6名が負傷しただけだった。

　(c)全砲塔、特にQ砲塔の天蓋、砲眼、揚弾筒の防御力向上。これは船体中央部に被弾が集中するため。

　(d)前盾と天蓋が傾斜した英国式砲塔設計は、遠距離からの弾着に対し通常の設計よりも前盾が垂直に、天蓋が水平に近くなるため、貫徹される可能性が増加する。

　(e)すべての弾薬取扱室から上甲板までの揚弾筒の防爆区画化と、揚弾筒と砲塔以外からのガス抜き口の適宜設置。

　(f)13.5インチおよび12インチ砲塔各所の防火扉の設計は主砲尾からの火炎逆流に抗する必要に基づいているようだが、その火炎量は少なく、ガス圧は皆無であり、砲室内での砲弾爆発やコルダイト発火によるそれらとは比べようもない。砲室と換装室の床および側面にある無数の開口部が危険の源なのは明確である。

　(g)装薬に永久固定されている火管の廃止。

　(h)発射時に焼失する軽金属容器による装薬の保護。

　(i)コルダイトに比べ、被弾時の耐爆性が明らかに優れるドイツのニトロセルロース系装薬。

　(j)一箇所の爆発が他へ連鎖する火薬庫の間隔拡大。

　(k)一般榴弾の弾頭信管の安全性。

　(l)砲塔の砲室と換装室における砲弾の蓋付き容器内への格納。

　(m)将来の全砲煩兵装の砲尾閉鎖機構への速射砲型設計法の導入。

デイヴィッド・ビーティー、
海軍本部委員会書記官サー・W・グラハム・グリーンへの書簡、

1916年7月14日

　これらの改善点は多かれ少なかれ、第一次世界大戦後の戦艦の設計と建造にすべて活かされることになるのだが、とはいえユトランド沖海戦ですら、ド級戦艦と超ド級戦艦の時代がすでに下り坂であることを、ある意味で示していた。軍艦を鈍重にさせない程度まで重装甲を施すことには限度があったが、遠距離からの大落角弾に対して甲板の防御力を高めるため、巨大な戦艦の垂直装甲構造にも見直しが必要であるという認識もあった。

　こうした設計方針の転換に加え、第一次世界大戦後の戦艦では搭載する副兵装の量が増える一方となっていくため、ド級戦艦と超ド級戦艦の根底にあった「単一巨砲搭載思想」は急速に廃れていったのだった。

◀イギリス海軍超ド級戦艦HMS
ヴァリアントは両世界大戦で活
躍したが、ユトランド沖海戦では
15インチ砲弾を288発、6イン
チ砲弾を91発も発射した。

▼13.5インチ砲を射撃するイギ
リス海軍戦艦HMSモナーク。ユ
トランド沖海戦でモナークはドイ
ツ戦艦ケーニヒに命中弾数発を
与えたが、リュッツォウへの命中
弾は未確認である。

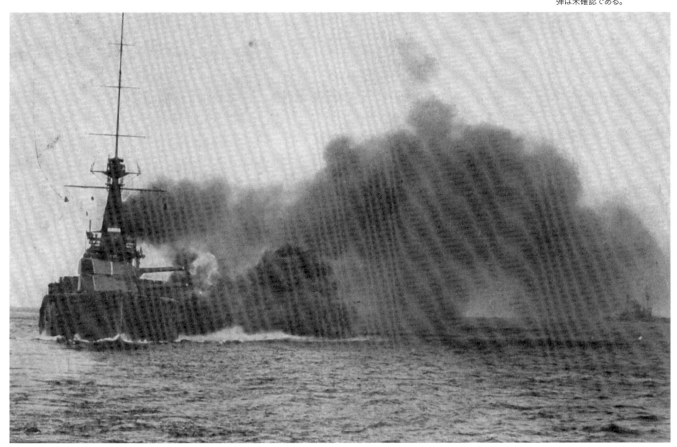

ユトランド沖海戦の目撃者
WITNESS TO JUTLAND

　各砲が装塡され、待機完了の報告が上がると、右砲打方始めとの下令があり、……その直後、最初の斉射を行ない、我々は偉大な海戦へと踏み出した。

それまで被弾などの音はまったくなかったが、その後大きな衝撃音があり、艦尾4インチ砲台に違いないと思われた。大量の粉塵と破片がX砲塔天蓋周辺へ降り注いだ。

　その直後、新たな衝撃を感じたが、砲塔に問題がなかったため、何の指示もなかった。その後T・S君がエワート大尉に敵戦列3番艦が落伍と報告した。クイーン・メリー最初の獲物だ。

……さらに数発射撃してから再び自分の望遠鏡を覗いたところ、戦列の2番艦と、自分には4番艦と思われた艦との距離が非常に開いていたので、私は3番艦が沈んだと考えた。各所から炎を上げていた戦列の4番艦とおぼしき艦が大爆発を起こし、その衝撃がこちらにも少し伝わってきた。水圧計を見たところ、圧が失われていた。その直後、私に言わせれば「どえらい」衝撃がやって来、私は前檣索に引っかかって宙ぶらりんになっていた。おかげで私は砲床に叩きつけられなかったのだ。

巡洋戦艦クイーン・メリー掌砲手、アーネスト・フランシス兵曹の手記

▲この陰鬱な写真はイギリス海軍の巡洋戦艦HMSクイーン・メリーの最期を伝えるもの。本艦はユトランド沖海戦で、火薬庫の爆発により瞬時にして轟沈した。

▶ユトランド沖海戦に参加して損傷を負ったイギリス海軍アカスタ級駆逐艦HMSスピットファイア。ド級戦艦ではないが、その損傷の激しさから海戦の壮絶さが伝わってくる。本艦はドイツのド級戦艦ナッサウにもろに体当たりを食らった。

ド級戦艦たちの終焉
The end of dreadnoughts

　1918年に第一次世界大戦が終結しても、イギリスにおける戦艦建造はまったく終わらなかった。事実、巡洋戦艦レナウン、レパルス、フッド、さらに戦艦キング・ジョージ5世級（2代目）の5隻など、英海軍史上最大の巨艦たちが就役したのは1920、30、40年代のことだった。そして1946年に世界史上でも最後の戦艦となるHMSヴァンガードが就役するのだった。

　これらの艦が建造されていたにもかかわらず、巨大なド級戦艦と超ド級戦艦たちは旧式化に伴う戦力外通告の危機に瀕していた。特に1920年代はド級戦艦のスクラップ処分が盛んに行なわれた。1921年にはベレロフォン、シュパーブ、セント・ヴィンセント、ハーキュリーズに続き、ドレッドノート自身がスクラップヤードへ向かった。翌年にはさらにコリンウッド、ネプチューン、エジンコート、コンカラー、オライオンがそのあとを追った。廃艦の速度はさらに高まり、1928年までにイギリスのド級戦艦の全隻と超ド級戦艦8隻が姿を消した。〔訳註：1920年代に世界中のド級戦艦たちが大量に廃艦となったのは単に旧式化したという理由だけではなく、1922年に締結されたワシントン海軍軍縮条約により戦艦保有量に制限が課せられたことが大きい。日本では対米6割として知られるが、アメリカ、イギリス両国の戦艦の保有量を50万トン（日本の戦艦陸奥保有を認めたことにより52万5000トンへ）、日本のそれを30万トン（同31万5000トン）、1艦あたりの排水量3万5000トンまで、主砲口径は16インチ以下と定めた。そのあおりで多くのド級戦艦たちが姿を消さざるをえなかったのである〕

　残された超ド級戦艦には、着実な改装によって戦間期を生き抜き、第二次世界大戦に参加した艦もいた。その代表例がクイーン・エリザベス級とロイヤル・サヴリン級の諸艦だった。バーラムとロイヤル・オークは先述した経緯により戦没していたが、それ以外の艦は頻繁に実戦を経験していたにもかかわらず、厳しい戦闘の年月を耐え抜いたのだった。例えばクイーン・エリザベス級のHMSウォースパイトは1939年から1945年にかけて大西洋、ヨーロッパ、地中海、インド洋方面での作戦に参加し、航空攻撃による直撃弾、触雷、砲撃戦での被弾、果ては1943年のイタリア沿岸でのドイツ空軍初の誘導爆弾「フリッツX」の直撃を受けたにもかかわらず、大戦を生き延びたのだった。

　しかしこうした華やかな戦歴ですら、超ド級戦艦たちをスクラップ処分から1隻も救うことはできなかった。イギリスの超ド級戦艦のほぼ全艦が1940年代後

▲ユトランド沖海戦でイギリス海軍の巡洋戦艦HMSタイガーは14発被弾した。写真は同艦のあるバーベットの被害状況で、この戦闘により乗員10名が戦死している。

半に除籍となり解体され、その姿を消していった。例外は、第一次世界大戦後の1920年にチリ海軍へ引き渡され、1959年までスクラップ処分されなかったカナダだけだ。

　そして現在、洋上に唯一残っているド級戦艦時代の戦艦はアメリカ海軍のUSSテキサスのみとなった。その存在は戦艦の絶頂期を偲ばせる貴重な文化遺産であるといえよう。

▼ロイヤル・サヴリン級の識別特徴点が解説された米海軍情報部の冊子。本級も第二次世界大戦に参加した老雄であった。

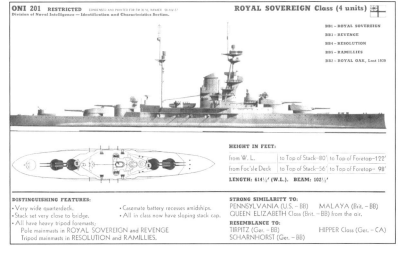

▶アメリカ海軍戦艦USSテキサスの初期の姿で、この頃はまだ前後に2基の大型籠マストがあるが、その後の1925〜26年に行なわれた近代化改装でより近代的な三脚檣に交換された。（写真／U.S.Navy）

アメリカ海軍戦艦USSテキサス
USS TEXAS

　USSテキサスはアメリカ海軍のニューヨーク級戦艦の1隻で、1911年4月17日に起工され、1912年5月18日に進水、1914年3月12日に就役した。このテキサスには特筆すべき点がいくつかある。第一は世界にも稀に見る長寿艦だったことである。テキサスは今となっては現存する唯一のド級戦艦であり、テキサス州ヒューストン近くにあるサンジャシント戦跡州立歴史公園 "the San Jacinto Battleground State Historic Park" で博物館艦として保存されている。テキサスは両世界大戦の全期間を通じて使用されたのち、1948年に除籍された。本艦が第二次世界大戦にも参戦できたのは、1925〜26年の大改装、1942年の第2次大改装、さらに1930年代と1940年代に行なわれた無数の改修により、陳腐化を免れられたのが大きい。

　竣工時、本艦の排水量は2万7,000英トンで、35.6cm主砲10門、12.7cm副砲21門のほか、小口径砲10門を搭載していた。最大速力は21ノットで、航続距離は7,060海里であった。1945年当時の排水量は3万2,000英トンになっており、35.6cm主砲の様子は変わりなかったが、12.7cm副砲が6門に減らされた一方、7.6cm砲10門、四連装40mm対空機関砲10基、20mm機銃44挺が加えられており、射撃管制装置にもレーダーを装備するなど大幅に近代化されていた。こうした改修によりテキサスは両世界大戦で船団護衛を務めたのに加え、第二次世界大戦におけるトーチ作戦とオーヴァーロード作戦の両方で重要な艦砲射撃任務を遂行できたのだった。

　世界的にも多くの艦が、戦後間もないうちにスクラップヤードに送られたのに対し、このテキサスが後世の人々のために保存されたのは喜ばしいかぎりである。

▶博物館艦として現在ヒューストン水路に係留されているテキサスの右舷の様子。（写真／Frank H. Bruecker）

▲1937年、パナマ運河のガトゥン閘門を通過するUSSテキサス。この当時のテキサスは最新式の射撃管制システムを備えていた。艦橋上の大型測距儀に注意。（写真／U.S.Navy）

▼USSテキサス最大の武器となる主砲は14インチ〔35.6㎝〕砲10門であった。1942年の改装後、本艦には70門を超える対空兵装が搭載された。（写真／Frank H. Bruecker）

▲往時のイギリス海軍の階級章の一覧。それぞれの意味する階級や兵科を下記に示す。
〔※は訳註。必ずしも日本海軍に対応する階級があるわけではない。〕

【SLEEVES（袖章）】
1. Admiral of the Fleet：艦隊司令官
2. Admiral：海軍大将
3. Vice-Admiral：海軍中将
4. Rear-Admiral and Commodore, 1st Class：海軍少将および一等准将
5. Commodore, 2nd Class：二等准将
6. Captain：海軍大佐
7. Commander：海軍中佐（または少佐）
　※本書では1914年3月までは「海軍少佐」、それ以降は「海軍中佐」と訳した。
8. Lieutenant-Commander：海軍少佐
　※1914年3月にCommanderの下、Lieutenantの上に新設された階級。
9. Lieutenant：海軍大尉
10. Sub-Lieutenant, Mate, and Commissioned Warrant Officer：海軍少尉、特務少尉、准士官
　※イギリス海軍の尉官は当時も現在も2階級のみ。特務少尉は下士官兵からの進級者用に1912年に新設された少尉相当の階級。
11. Warrant Officers (non-military Warrant Officers wear in addition a strip of distinction cloth as Nos. 19 to 22)：准士官（非兵科准士官では職務を示す凡例19～22の布線1本が加わる）
12. Midshipman (mess jacket)：士官候補生（礼服）
13. Lieutenant, Royal Naval Volunteer Reserve：イギリス海軍志願予備員大尉
14. Engineer Lieutenant. All Engineer Officers wear a stripe or stripes of purple cloth between the gold bands of their rank：機関大尉。機関科士官は全員袖章の金線の間に紫色の布線がつく
15. Surgeon Lieutenant. Medical Officers wear red stripes between the gold bands：軍医大尉。軍医科士官は金線の間に赤色の線がつく
16. Instructor Lieutenant. Instruction Officers wear light blue stripes：特技大尉。特技士官は淡青色の線がつく
17. Paymaster Lieutenant. Paymasters wear white stripes：主計大尉。主計科員は白線がつく
18. Lieutenant, Royal Naval Reserve：イギリス海軍予備員大尉
19. Shipwright(silver grey strip)：船匠（銀灰色の線）
20. Wardmaster (maroon strip)：看護員（栗色の線）
21. Electrician (dark green strip)：電気工（暗緑色の線）
22. Armourer or Ordnance (dark blue strip)：武器工または武器係（紺色の線）
23. Midshipman's "patch," R.N.：海軍士官候補生「パッチ」
24. Naval cadet's "patch," R.N.：海軍幼年士官候補生「パッチ」

【CAPS（軍帽）】
25. Flag Officers：将官
26. Captains and Commanders：佐官
27. All other Officers：上記以外の全士官
28. Captain, Royal Air Force：イギリス空軍大佐
29. Chief Petty Officer：兵曹長
30. Lieutenant, Royal Naval Division：イギリス海軍師団大尉
31. Royal Marine Artillery：イギリス海兵隊砲兵
32. Flag Officer's Cocked Hat (full dress)：将官用三角帽
33. Lieutenant's Cocked Hat (full dress)：尉官用三角帽（正装）

【CAP BADGES（帽章）】
34. All Executive Officers：兵科士官すべて
35. Royal Air Force：イギリス空軍
36. Royal Naval Reserve：イギリス海軍予備員
37. Royal Naval Volunteer Reserve：イギリス海軍志願予備員
38. Petty Officer, Executive Branch：兵科兵曹
39. Petty Officer, Civil Branch：非兵科兵曹
40. Royal Marine Artillery：イギリス海兵隊砲兵
41. Royal Marine Infantry：イギリス海兵隊歩兵

参考資料
Appendix

サー・ジョン・ジェリコーによる1916年5月31日〜6月1日のユトランド沖海戦についての報告
Sir John Jellicoe's Report on the Battle of Jutland, 31 May-1 June 1916

1916年6月24日

謹啓

1916年5月31日にドイツ大洋艦隊をデンマークのユトランド半島西岸沖にて戦闘に参加せしめたことを、ここに海軍本部諸卿へ報告申し上げるのは欣喜の至りである。

グランドフリート〔訳註：イギリス大艦隊〕の諸艦は小官の指示により、北海方面の定期哨戒を主目的として前日に各所属基地より出撃した。

5月31日水曜の午後早く、第1、第2巡洋戦艦戦隊、第1、第2、第3軽巡洋艦戦隊、および第1、第9、第10、第13艇隊の駆逐艦は、第5戦艦戦隊の支援のもと、小官の指示により、第3巡洋戦艦戦隊、第1、第2巡洋艦戦隊、第4軽巡洋艦戦隊、第4、第11、第12艇隊を随伴する戦艦部隊の南方を偵察中であった。

敵艦発見後の戦艦部隊と索敵部隊の合流の遅延は、味方先行部隊が敵戦艦部隊との戦闘開始当初の1時間、南方へ針路を取ったためである。無論これは味方巡洋戦艦部隊が敵に追随して南進しなければ主力艦隊の会敵が不可能だったための、やむをえざる行動であった。

サー・デイヴィッド・ビーティー中将の勇猛なる指揮下の巡洋戦艦部隊は、ヒュー・エヴァン＝トーマス少将麾下の第5戦艦戦隊の諸艦による確実な支援を受けつつ、しばしば不利となる状況下にあっても、我が軍の伝統上最高の栄光を示しながら戦闘を行なった。

敵艦発見の報を受け、イギリス戦艦部隊は巡洋艦および駆逐艦部隊を随伴しながら巡洋戦艦部隊へ接近すべく、最大速力をもって南東微南へ航行した。

戦艦部隊の現場到着までの2時間は、旧式戦艦の航行能力にとり厳しい試練であった。大いに賞賛すべきは機械室要員が常のごとく指示に応え、全艦隊が一部の旧式艦の公試速力をも上回る速力を維持したことである。

戦艦部隊に先行していた第3巡洋戦艦戦隊は、サー・デイヴィッド・ビーティーの支援を下令された。午後5時30分、同戦隊は南西方向に発砲炎と砲声を観測した。

フッド少将はチェスターを確認のために派遣し、同艦は午後5時45分頃、3ないし4隻の敵軽巡洋艦と会敵した。交戦は約20分間継続し、その間ローソン大佐は苦戦するも巧みな操艦を行ない、多大なる死傷者を出しながらも艦の戦闘および航行能力を喪失せず、午後6時5分頃、同艦は第3巡洋戦艦戦隊との再合流を果たした。

第3巡洋戦艦戦隊は北西方向へ変針し、午後6時10分頃に味方巡洋戦艦部隊を発見したのち、同戦隊は巡洋戦艦部隊指揮官である中将の命令により、午後6時21分にライオンの前方に占位した。

一方、午後5時45分には砲声が小官にも聞こえ始め、午後5時55分には前方より右舷にかけて発砲炎を視認するも、靄により艦影までは判別できず、敵戦艦部隊の位置特定は不可能であった。アイアン・デュークとライオンが算出した「想定位置」の差はその状況下ではやむをえず、全体状況の不透明さを一層高めた。

午後5時55分より間もなく、先行していた巡洋艦部隊の一部が会敵するのが視認され、第1巡洋艦戦隊の旗艦ディフェンスとウォーリアが現時点で敵軽巡洋艦1隻と交戦中との報告を受ける。敵軽巡はその後、沈没が確認された。

午後6時、第3巡洋戦艦戦隊と同航していたカンタベリーが敵軽巡洋艦部隊と会敵したが、これらの敵艦は水雷艇駆逐艦シャーク、アカスタ、クリストファーへ熾烈なる砲撃を実施中であった。この戦闘の結果、シャークが撃沈された。

午後6時、マールバラにより戦艦部隊の右舷前方に発見された艦隊は、その後に味方巡洋戦艦部隊と確認された。

これと同時に巡洋戦艦部隊指揮官である中将より敵巡洋戦艦部隊の位置が小官に報告され、午後6時14分には敵戦艦部隊の位置が報告された。

この時点での戦艦部隊、巡洋戦艦部隊および第5戦艦戦隊との合流においては、味方艦を敵と誤認しないため多大な注意が必要であった。

サー・デイヴィッド・ビーティーより報告を受けた小官は戦艦部隊に戦列を形成させようとしたが、展開中に艦隊は会敵した。一方、サー・デイヴィッド・ビーティーは巡洋戦艦部隊を戦艦部隊の前方に展開させた。午後6時16分、ディフェンスとウォーリアが英独戦艦部隊間の猛砲撃の只中に進入していくのが観測された。ディフェンスは消滅し、大破したウォーリアは後退した。

おそらくサー・ロバート・アーバスノットは敵軽巡洋艦部隊との交戦中、何としてもこれを撃滅せんと思うあまり敵大型艦部隊の接近に気づかず、靄のせいで敵主力艦隊の発見が至近距離となってしまい、指揮下の諸艦は激しい砲火に捉えられ大損害を被ってしまったのだろう。

同艦隊のブラック・プリンスがいつ撃沈されたのかは不明であるが、午後8時から9時の間に同艦からの無線信号が受信されている。

第1戦艦戦隊が戦闘を開始したのは展開中のことで、同戦隊の中将は午後6時17分にカイザー級戦艦の1隻に射撃を開始した。それ以外の戦艦戦隊はすでに敵巡洋艦1隻を砲撃中であったが、午後6時30分にケーニヒ級戦艦部隊への射撃を開始した。

午後6時06分、第5戦艦戦隊司令である少将は当時巡洋戦艦部隊と同航中だったが、バーラムの左舷前方に戦艦部隊の右翼を発見した。当初、エヴァン＝トーマス少将は戦艦部隊の先頭に立とうと意図したが、展開方向を理解すると、敵戦艦部隊による猛砲撃に対して戦隊が巧みに取った運動により殿艦とならざるをえなかった。

ウォースパイトは舵機が故障して一時的に操舵不能に陥り、敵戦列へ向かう形になって数発被弾したが、エドワード・M・フィルポッツ大佐の賢明な操艦により、同艦はこの不安定な状況から離脱した。

主に靄のためであったが、砲煙のせいもあり、一度に視認可能な敵戦列艦はわずか2、3隻であった。先頭側でも一度に何とか見える敵艦はせいぜい4、5隻にすぎなかった。艦隊の後尾側のほうが良く見えたとはいえ、これも8ないし12隻どまりであった。

両艦隊の戦闘は午後6時17分から午後8時20分まで、距離8,200から1万1,000mの間で断続的に継続し、その間にイギリス艦隊は針路を南東微東から真西へ変針して接近を試みた。

敵は絶えず退避変針を繰り返し、我が砲火の効力を感じるや駆逐艦攻撃による掩護と煙幕展開により距離を拡大させ、その変針によりイギリス艦隊（敵前方という有利な位置から戦闘を開始していた）を敵戦列の斜め位置へと誘致せしめたが、これは同時に我々を敵とその根拠地との間に位置せしめることとなった。

午後6時55分、アイアン・デュークはバッジャーに付添われたインヴィンシブルの残骸の傍らを通過した。

靄のはざまに大洋艦隊の艦が視認可能なのはごく短時間であったが、グランドフリートの戦艦と巡洋戦艦による重砲射撃が効果を上げ続けたことは、小官には大変満足であった。また敵艦が絶えず被弾するのが視認され、戦列からの脱落が数隻、沈没が少なくとも1隻、観測された。

その際の敵艦による応射は無効であり、味方艦の損害は軽微であった。

予想されたごとく、ドイツ艦隊は魚雷攻撃に大いに望みをかけていたようだが、それには低い視程と我が艦隊が「追従」ないし「追跡」の位置にある必要があった。

多数の魚雷が発射されたのは明らかであったが、命中したのは（マールバラへの）1本のみで、それにもかかわらず同艦は戦列に留まり、戦闘も可能であった。砲の有効射程外に占位し続けようとする敵の試みは、その意図に理想的な天候にも助けられた。敵は2隊による駆逐艦攻撃を実

施した。

サー・セシル・バーニー中将麾下の第1戦艦戦隊は午後6時17分に距離約1万100mで敵の第3戦艦戦隊と交戦を開始し、対峙した戦艦、巡洋戦艦、軽巡洋艦のいずれにも甚大な損害を与えた。

マールバラ（ジョージ・P・ロス大佐）による砲撃の射撃速度と戦果は傑出していた。同艦は午後6時17分にカイザー級戦艦1隻に7斉射を実施すると、次いで巡洋艦1隻、さらに戦艦1隻を攻撃したが、6時54分に魚雷1本が命中し右舷へかなり傾斜していたにもかかわらず、午後7時3分には巡洋艦1隻に、午後7時12分にはケーニヒ級戦艦1隻に14斉射を実施し、命中弾により同艦を戦列から脱落させた。

被雷による損傷という不利をものともせぬこの効果的な射撃は、同艦の最高の栄誉であり、同戦隊の極めて優れたる模範である。

戦闘の推移に伴い、距離は8,200mにまで減少した。第1戦艦戦隊は第5戦艦戦隊を除くどの戦艦部隊よりも敵の反撃を受けた。コロッサスは被弾するも損害は軽微であり、その他の艦は夾叉弾を頻繁に受けた。

小官の乗る旗艦アイアン・デュークが所属する第4戦艦戦隊では、サー・ダヴトン・スターディー中将麾下の1個部隊がケーニヒ級およびカイザー級戦艦ならびに巡洋戦艦数隻を損傷した巡洋艦および軽巡洋艦からなる敵戦隊と交戦中であった。

靄により測距は困難となっていたが、同隊の射撃は有効であった。先刻まで戦列中の軽巡洋艦1隻を射撃していたアイアン・デュークは、午後6時30分に距離1万1,000mでケーニヒ級戦艦1隻への射撃を開始した。弾着はたちまち夾叉となり、第2斉射より命中弾を与え始めたものの、敵艦が退避したため射撃を停止せざるをえなかった。

早期に命中を実現せしめたことは、優秀なる旗艦射撃指揮要員らの最高の栄誉である。

同戦隊の他艦の射撃は主に敵巡洋戦艦と巡洋艦に向けられ、これが靄より出現する都度実施された。数隻に対し有効な命中弾が観測された。

サー・トーマス・ジェラム中将麾下の第2戦艦戦隊の諸艦はカイザーないしケーニヒ級戦艦数隻と午後6時30分より7時20分まで交戦し、明らかに重大な損傷により落伍した敵巡洋艦1隻を砲撃した。

両戦艦部隊の交戦中、ハーバート・L・ヒース少将の巧みな指揮下にあった第2巡洋艦戦隊は、第1巡洋艦戦隊のデューク・オブ・エディンバラとともに前衛に位置し、戦艦部隊と巡洋戦艦部隊の間隙をつなぐこととなった。

同戦隊の行動は有意義であったが、戦闘に加わる機会には恵まれなかった。

前衛に位置していたチャールズ・E・ル＝メズリエ准将麾下の第4軽巡洋艦戦隊は午後7時20分に敵駆逐艦隊の攻撃を命じられたが、その後同隊はジェームズ・R・P・ホークスリー准将の指揮下、進出していた第11艇隊の支援を受け、午後8時18分に攻撃を再下令された。

ル＝メズリエ准将麾下の第4軽巡洋艦戦隊は、指揮下の艦長らからも優れた支援を受け、極めて巧みな操艦を機に応じて示し、今回も第2次攻撃で敵戦艦部隊から距離6,000から7,300mまでにおいて熾烈なる砲撃を受け若干の損害を生じたものの、その目的を完遂した。

カライアビは数発被弾し、重大な損傷はなかったものの、遺憾ながら数名の戦死者を出した。同軽巡洋艦部隊は敵艦艇部隊に今次は魚雷攻撃を敢行し、午後8時40分にカイザー級1隻において爆発が1度観測された。

この駆逐艦攻撃時、4隻の敵水雷艇駆逐艦を戦艦、軽巡洋艦、駆逐艦の砲撃により撃沈した。

英戦艦部隊の到着後、敵の戦術は視程状況を利用し、全体的にさらなる交戦を回避する方針となった。

午後9時、敵は完全に視界から消え、急速に迫る夜闇の中での水雷艇駆逐艦による攻撃の脅威が予想されたため、小官は艦隊の安全を図りつつ昼間戦闘への態勢を整えるため、夜間に艦隊の再編成に費やす必要に迫られた。

そのため小官は艦隊を敵とその根拠地との間に占位するよう移動させ、艇隊を魚雷攻撃より艦隊を守備しうる位置に配置しつつ、敵大型艦への攻撃にも適した態勢を整えた。

この夜、我が大型艦が攻撃を受けることはなかったが、ホークスリー准将、チャールズ・J・ウィンター大佐、アンセラン・J・B・スターリング大佐の率いる第4、第11、第12艇隊が極めて勇敢かつ有効なる一連の攻撃を敢行し、敵に多大な損害を与えた。

第4艇隊が重大な損害を被ったのはこれらの攻撃時で、同隊のティペラリーをはじめとする数隻が、勇敢なる艇隊司令ウィンター大佐とともに失われた。彼は麾下の艇隊の練度を極めて高い水準にまで至らしめており、

猛烈なる砲火を浴びつつも多数の敵艦に損害を被らせしめ、同艇隊は数多くの勇敢なる行動を示したのであった。

第4艇隊の攻撃の結果、敵艇隊に魚雷2本が命中するのが観測された。うち1本はスピットファイアによるもので、もう1本はアーデント、アンバスケード、ガーランドのいずれかによるものであった。

第12艇隊（アンセラン・J・B・スターリング大佐）が実施した攻撃は見事であった。同隊による攻撃はカイザー級数隻を含む大型艦6隻に加え、軽巡洋艦部隊からなる敵にとって奇襲となった。

多数の魚雷が発射され、うち数本は戦列の2番艦と3番艦へ指向されていた。このうち3番艦へ放たれたものが命中、大爆発が観測された。20分後にミーナドが残存の5隻に対し第2次雷撃を実施、戦列の4番艦へも命中を与えた。

戦列の後尾に到達した駆逐艦艇隊は軽巡洋艦部隊から猛射撃を受けるも、物的損害を被った艦はオンスロートのみであった。

第11艇隊の攻撃時、隊を先導するカースター（ジェームズ・R・P・ホークスリー准将）は至近距離において敵水雷艇駆逐艦1隻と交戦し、これを撃沈した。

駆逐艦艇隊による勇敢なる行動は数多く、小官が彼らに抱いていた極めて高い期待を上回るものであった。

これらの艇隊による進撃に加え、戦艦部隊の後方に位置していた第2軽巡洋艦戦隊が午後10時20分から巡洋艦1隻と軽巡洋艦4隻からなる敵部隊に対して約15分間に及ぶ近接戦闘を実施、その際サウサンプトンとダブリンが比較的重大な損害を被ったものの、その航行能力と戦闘能力は損なわれなかった。同戦隊による応射は非常に有効であった。

バーウィック・カーティス中佐の勇敢な指揮下、アブディールは過去の例に違わず、その任務を成功させた。

翌6月1日払暁、当時ホーン岩礁の南方と西方に位置していた戦艦部隊は敵艦の捜索と、味方巡洋艦や水雷艇駆逐艦と再合流するため北方へ変針した。

午前2時30分、サー・セシル・バーニー中将は旗艦をマールバラからリヴェンジへ変更したが、これは前者が戦隊の速力に追従するのが困難となったためである。小官の指示によりマールバラは根拠地へ帰還することとなり、途中敵潜水艦の攻撃を回避して無事離脱した。

6月1日払暁時の視程は5月31日を下回り（3ないし4海里）、水雷艇駆逐艦の視認はかなわず、午前9時まで再合流はならなかった。

英艦隊は艦隊母港から遠距離という不利と、敵側海岸に近いための潜水艦と水雷艇の危険にもかかわらず、海戦場およびドイツ艦隊各母港への水路周辺に6月1日午前11時まで留まり続けた。

しかし近辺に敵の徴候は認められず、無念を感じつつも小官は大洋艦隊は帰港を果たしたものと結論せざるをえなかった。

その後の経緯により、この推測が正確であったことが実証された。我々の位置が敵に知られていたのは、午前4時に艦隊が約5分間ツェッペリン飛行船1隻と会敵した際、同飛行船がイギリス艦隊の位置と針路を知り、それを通報するのに充分な機会があったことから確実であると思われる。

ホーン岩礁より海戦場までの緯度は完全に捜索され、アーデント、フォーチュン、ティペラリーの生存者が若干名救助され、僚艦に衝突されたスパローホークは航洋性を失っていたため、乗員の収容後に砲撃で処分された。

大量の漂流物が視認されたが敵影は認められず、午後1.15に独艦隊の帰港成功が明らかとなったため、我々は針路を根拠地へと取り、さらなる戦闘もなく6月2日金曜に帰着した。

ウォーリアの捜索のため巡洋艦戦隊1個が分遣された。同艦はエンガディンにより母港への曳航中、天候の悪化と航洋性喪失により放棄されたが、その航跡は発見されず、位置を特定しようとする軽巡洋艦戦隊によるその後の捜索も失敗に終わり、同艦の沈没は確定した。

敵は予想にたがわず勇敢に戦った。特に賞賛すべきは、大破したドイツ軽巡洋艦が陣形展開直後のイギリス艦列から激しく砲火を浴びつつも、唯一使用可能な砲で応射しながらこれを振り切った行動であった。

昼夜を通じての戦闘における我が将兵たちの活躍には、いかなる賞賛を以てしても幾ら言葉すらも彼らには相応たりえない。過去の輝かしき栄光の伝統がこれ以上なく存分に発揚されたと、あらゆる面において小官は報告を受けた。大型艦、巡洋艦、軽巡洋艦、駆逐艦のすべてにおいて、偉大なる精神が同じく発露されたのだ。

我が将兵たちは冷静かつ勇敢であり、その不屈の闘志がいかなる困難をも克服せしめたのである。斃れし者たちの勇気は賞賛の極みに値しよう。

小官には我が胸中に満ちあふれる艦隊精神の誇らしさを言い尽くせる言葉がない。

第7章

HMSキャロラインの復元
The restoration of HMS Caroline

イギリス海軍巡洋艦HMSキャロラインは貴重な歴史の証人である。ユトランド沖海戦の最後の生き残りである本艦は、ベルファストのアレクサンドラ・グレーヴィング船渠での献身的な復元作業により、再び人々の前によみがえったのだった。

◀ベルファストのアレクサンドラ・グレーヴィング船渠にたたずむHMSキャロライン。ここは有名な客船タイタニックが建造された場所からわずか数百ヤードしか離れていない。（写真／DUOM0803）

▶HMSキャロラインの左舷を美しくとらえた一葉。その特徴的な三本煙突に注意。これらの煙突はすべて復元作業で往時の姿を取り戻した。（写真／NMRN）

ドレッドノートを始祖とする列強のド級戦艦と超ド級戦艦は20世紀前半におけるそれぞれの国々の海軍力の象徴であり、その絶頂期は永遠に続くとも思われたが、実際に世界史の主役の座にあった期間はあまりにも短かった。戦艦の時代は1945年に事実上幕を閉じ、その多くがすでにスクラップ処分され、かつて巨大な砲弾を大洋の数十海里先まで射ち出した主砲身はガス切断器の炎で焼き切られた。全世界を見渡しても、現存するド級戦艦はテキサス州ヒューストンで身を休めるUSSテキサスのみとなった。

だが、信じられないことに、あのユトランド沖海戦に馳せ参じた艦が1隻だけ生き残っていた。それがHMSキャロラインである。

彼女は1914年に起工されたイギリス海軍のC級軽巡洋艦の1隻であり、2011年までイギリス国防省の現有資産として何とか命脈を保っていたのだ。その後、本艦はその価値を認められて廃棄処分を免れ、現在は復活に向けて入念な復元作業が進行中である。

キャロライン級巡洋艦
The Caroline-class cruisers

本書ではド級戦艦ばかりに注目してきたため、戦艦はイギリス海軍という巨大組織の構成要素のひとつにすぎないことを忘れがちだったかもしれない。ド級戦艦とともに多数の巡洋戦艦が建造される一方、同じ数十年間で何十隻もの巡洋艦、軽巡洋艦、駆逐艦、水雷艇なども建造されており、第一次世界大戦中のイギリス「大艦隊」約160隻の艦艇が所属していたが、うち主力艦とよべるものはわずか35～40隻にすぎなかった。

ではHMSキャロラインはこの洋上兵力のどの階層に位置したのだろうか？

キャロラインはキャロライン、カリスフォート、クレオパトラ、コーマス、コンケスト、コーデリアの6隻からなる級のネームシップだった（ただし本級はコーマス級と呼ばれることもある）。同時にキャロライン級は計28隻あったC級軽巡洋艦の7つのサブクラスのひとつでもあった。その7級とは、キャロライン級、カライアピ級、カンブリアン級、セント一級、カレドン級、シアリーズ級、カーライル級で、1913～17年の建艦計画により発注された。

キャロラインのような艦は一般に「軽巡洋艦」と呼ばれるが、その正式呼称は「軽装甲巡洋艦」である〔訳註：原書では確かにlight armoured cruisersと記述。20世紀初頭の巡洋艦はArmoured cruiser「装甲巡洋艦」とProtected cruiser「防護巡洋艦」の2つに分けられ、装甲巡洋艦がBattlecruiser「巡洋戦艦」に発展した。防護巡は舷側に装甲帯を持たず、機関区画など主要部のみを防護したタイプで、装甲巡に対する「軽装甲巡洋艦」というニュアンスになった。ワシントン会議により排水量1万トン未満、主砲口径8インチ（20.3cm）以下の「巡洋艦」という艦種に規定さ

▼別のC級軽巡洋艦であるHMSカライアピで、12.7cm甲板砲の操作に取り組む水兵たち。

れたのが防護巡洋艦である。ロンドン軍縮条約で主砲6.1インチ以上8インチ以下のものを「カテゴリーa」、主砲5.1インチ以上で6.1インチ以下を「カテゴリーb」と定め、一般的に前者が「重巡洋艦」と、後者が「軽巡洋艦」と呼ばれることとなる。原書並びに本訳書の文中にはC級軽巡洋艦との記述が見られるが、キャロラインをはじめとする彼女らはこうした"決まり"ができる前の建造であることを頭に置いておきたい〕。

さて、その優れた速力、防御力、火力により、これらの艦は大型主力艦には不向きな索敵、商船護衛、艦隊支援などの各種任務をこなすことをその目的としていた。キャロラインの性能諸元を知ることは、C級軽巡洋艦の全体像を理解するのに大いに役立つだろう。

キャロラインが発注されたのは1913年建艦計画で、バーケンヘッドのキャメル・レアード造船会社が受注した。本艦は1914年1月28日に起工され、ほぼ8ヵ月後の9月29日に進水した。全長135.9m、全幅12.6m、最大喫水は4.9m、満載排水量は4,219トンだった。主機械は4軸パーソンズ式タービンで4万軸馬力を発揮し、最大速力は28.5ノットだった。しかし、ギアードタービン式でなかったため、低速域での性能はかんばしくなかった。そのため、後期のC級軽巡ではギアード式機関が搭載されている。

兵装について見ると、竣工時のキャロラインはBL 15.2cm／45口径Mk XII砲2門を単装砲架で艦尾に搭載し、さらにBL 10.2cm／45口径Mk V速射砲8門（2門を艦首に、3門を両舷に装備）、6ポンド砲1門、53.3cm魚雷発射管4門も搭載していた。15.2cm砲を2門とも後部に配置したのは射撃指揮を容易にするためと、荒水面でも安定した主砲床を確保するためだった。

この兵装構成は、多くの他のC級の艦と同様、1914年〜18年の間に戦訓やドイツ艦の兵装に対抗するために大幅に変更された。1916年に艦首の10.2cm砲2門は15.2cm単装砲1門に、6ポンド砲1門は対空用の10.2cm高角砲1門に換装された。10.2cm速射砲は段階的に

撤去されて全てが10.2cm高角砲に置き換えられ、第4の15.2cm砲が煙突後方の砲床に設置された。戦訓により10.2cm砲よりも大口径な15.2cm砲のほうが優れていることが判明したためである。

艦種の性質上、キャロラインの装甲はド級戦艦の重厚なそれとは比べるべくもなく、主装甲帯はわずか76〜25mmで、甲板装甲は25mmだった。仮にC級軽巡洋艦が12インチ砲弾を1発でも食らえば、ひとたまりもなかった。

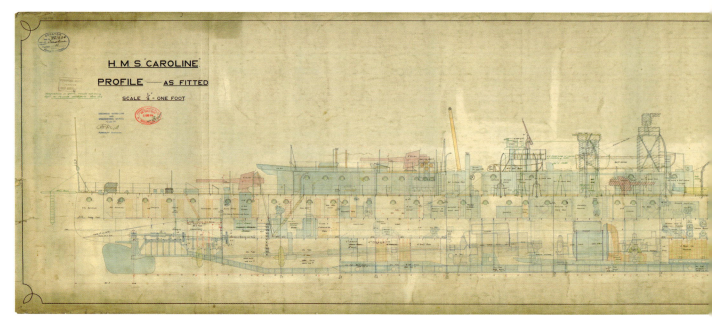

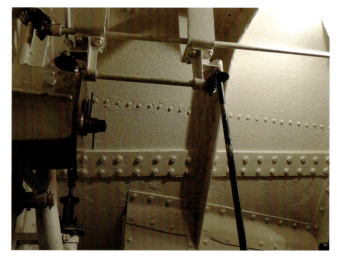

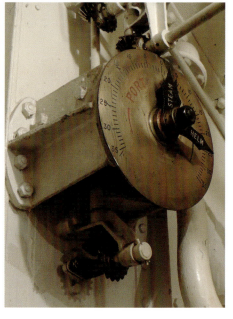

【本ページ写真】キャロラインで最も興味深い機構のひとつが艦尾下層にある応急操舵装置である。通常の操舵機械が破壊された場合、乗員たちは舵に歯車で直結された木製舵輪の連なる軸を人力で回して舵を操るのである。

▶針路指示は人力操舵室の上方に設置された示数盤により伝えられたが、これは歯車式リンケージで作動した。

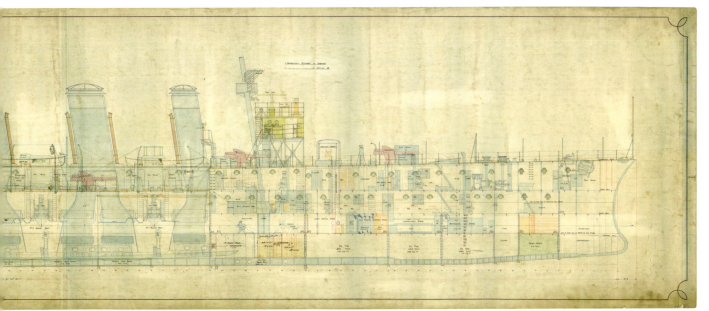

（図／National Maritime Museum）

キャロラインの艦歴
Caroline's history

　キャロラインが就役した1914年12月4日、すでに第一次世界大戦は始まっており、直ちに北海の哨戒や、ドイツのUボート、水上艦艇から非力な輸送船団を守る直衛部隊の一翼を担うこととなったが、その任務中、実際に発砲することは一度もなかった。事実、史上最大の海戦、1916年5月31日～6月1日に行なわれたユトランド沖海戦に参加しなければ、本艦の備砲が火を噴くことは終戦までなかったかもしれない。舵機を緊急修理していたため、キャロラインがスカパ・フローから出撃して「大艦隊」と合流できたのは5月30日の夕方で、その後、艦隊直衛部隊に加わった。これは主力艦を守る盾として働きながら、ドイツ大洋艦隊を発見しようとしていた多数の小艦隊のひとつだった。

　5月31日午後6時7分頃、キャロラインは拡大しつつあった砲撃戦に巻き込まれ、午後6時31分には巡洋戦艦インヴィンシブルが爆沈するのを目撃した。その後、午後7時30分に砲撃戦に加わり、距離8,400mで15.2cm砲弾3発と10.2cm砲弾4発をドイツ駆逐艦に発射したのち離脱した。午後9時には軽巡洋艦ロイヤリストとともにド級戦艦ナッサウを含むドイツの主戦列と接触。第2戦艦戦隊司令サー・マーティン・ジェラム中将から攻撃許可を受けた両艦は敵艦に向け魚雷を発射したがいずれも命中せず、敵の応射を受けて後退（事実、ドイツの重砲弾1発に無線甲板と上甲板の間を貫通されていた）、6月2日にスカパ・フローに帰着した。

　戦中のキャロラインの動向で目を引くのが、1918年の航空機滑走台の設置だ。この滑走台は艦首の15.2cm砲塔の上に設けられ、索敵のためにソッピース2F.1「キャメル」単座偵察機を発艦させるものだったが、この実験はどうも不成功に終わったようだ。飛行機を発艦させるためには艦首を風上へ向ける必要があったが、実際の運用ではいつもそれが可能とは限らず、しかも戻ってきた飛行機が着艦する方法はなかった。機体を不時着水させてパイロットだけを救助するか、飛行機を陸上に着陸させてから、補給船で艦に戻すという方法しかなかったからである。

1918-45

　キャロラインは1917年と1918年の大部分を船渠での改装と修理に費やしたが、弱体化しつつあったドイツの海上封鎖作戦にも参加した。その乗員たちが目撃した最も劇的かつ戦慄的だった出来事は、1918年7月9日、スカパ・フローでのHMSヴァンガードの爆沈に居合わせたことだ。このセント・ヴィンセント級ド級

▼アルスター部隊で使用されていた当時、キャロラインのこの右舷甲板には小口径ライフル銃用の射撃訓練場が設けられていた。（写真／Jef Maytom）

▲艦尾の15.2cm砲弾庫で、砲弾格納用のラックが見える。

▶キャロラインに現存する数少ないオリジナルの表示板のひとつ。ライフル銃をはじめ主要格納物の品名が並んでいるが、下から2行目には小太鼓(サイドドラム)という文字がはっきり読める。

▶キャロラインに数十ヵ所あるハッチのひとつ。ハッチの蓋は開位置に固定され、転落防止格子がはめられている。

戦艦は火薬庫の爆発事故により木端微塵になった。

　第一次世界大戦が終結した1918年11月当時は整備修理中で、1919年6月には東インド洋方面に配備されることになり、3月29日にペンブローク船渠から出航、マルタ島、スエズ運河通過、イギリス領ソマリランド、アデン、ボンベイ、コロンボ、カルカッタを経て、クリスマス頃に任地に到着。1921年11月、海外展開を終えてイギリスへの帰路についた。今回の回航は本艦に終末を予感させるものだったはずで、1922年1月から1924年までキャロラインはポーツマスでスクラップ処分命令を待つこととなった。

　しかし同時代の他の艦たちとは異なり、命令は来なかった。本艦を救ったのはイギリス海軍志願予備員アルスター部隊の設立であり、同部隊の訓練艦に選ばれてベルファストで使用されることになったためである。ベルファストへの曳航後、新たな任務に就くためのさまざまな改造がなされている。作業はハーランド＆ウルフ社が担当、主な改装点は以下であった。

■上甲板後部への船楼の設置。
■汽缶の撤去(タービンは既存位置のまま)。
■多数の室を教室または作業場に改装。

　改装されたキャロラインはマスグレーヴ水路に係留され、訓練艦として機能し始めた。同隊は本艦で魚雷装填、砲術、無線通信、小火器操作(右舷に小口径ライフル銃射撃訓練場が設けられた)など各種の洋上任務技術を訓練するとともに、艦内生活に必要な諸訓練を実施した。訓練艦時代の最盛期には各期ごとに350名を超える水兵たちを艦隊配置に送り出していた。

　だが、1939年の第二次世界大戦勃発により境遇は一変した。アルスター部隊の水兵たちが徴集されたため、イギリス海軍志願予備員アルスター部隊は当面消滅することになり、キャロラインはイギリス海軍籍に戻され、哨戒トローラーなどの小艦艇のための連絡および暗号通信用の拠点艦となると同時に、水兵と商船乗組員に砲術訓練を施すことになった。

1946 - 2011

　1945年に第二次世界大戦が終結すると、キャロラインは従前のイギリス海軍志願予備員アルスター部隊の任務に復帰し、以後それを60年間続けた。まずはハーランド＆ウルフ工廠に戻されて新しい煙突を設置され、さらに1950年代にも近代化改装が実施された。

　ところが、興味深いことに1920年代以来、幾度も改装や用途変更に伴う改造があったにもかかわらず、キャロラインには艦橋、三脚式マスト、檣楼、主厨炊所、病室、シャワー室をはじめ、多くの区画がオリジナル状態のまま残されていたのだ。こうした箇所の存在は、本艦の将来の復元作業にとって大きな助けとな

▲木の厚板で塞がれていた艦首先端部分の倉庫区画では、錨鎖が錆びた状態で格納されているのが見つかった。（写真／Jef Maytom）

◀▼キャロラインの艦橋の操舵室。復元のため解体したところ、艦橋の機器は真鍮製フレームに取り付けることで電磁的な干渉を防いでいたことが判明した。（写真／Jef Maytom）

ることだろう。

　一方、1960年代と70年代に北アイルランドで激化した「騒乱」のとばっちりも受けていた。1971年9月には狙撃者の放った銃弾の1発が三脚式マストの支筒の1本を貫いた。さらに深刻だったのは、1972年8月にアイルランド共和国軍（IRA）の仕掛けた爆弾が砲術学校の使用していたマイルウォーター埠頭付近の小屋を吹き飛ばしたことで、この埠頭にはキャロラインが繋留されていた。幸い死傷者はなかったものの、爆風で本艦は若干の損傷を受けたのである。

　本艦は予備員部隊で2009年まで現役だった。1990年代になって帝国戦争博物館（IWM）が本艦を引き取り、ハートルプールで展示艦にしてはという話が出たが、2009年12月にまず予備員部隊から除籍され、2011年3月31日には艦自体が除籍された。

　この歴史的な艦が失われるのを見かねたイギリス海軍国立博物館（NMRN）がその管理を引き継いだものの、当初その長期的な将来は不透明なままだった。

▲キャロラインの船体に開いた貫通孔から、76～25mmの主装甲帯の厚みがわかる。

▲別角度から見た右舷主甲板。イギリス海軍予備員隊はここを小口径ライフル銃射撃訓練場に使っていた。

▶艦内厠（トイレ）のひとつ。こうした箇所でオリジナルの塗粧層が発見された。
（写真／Jef Maytom）

▲舵輪の連結部。この軸が船体両舷へ下っていく。（写真／Jef Maytom）

▼主甲板を突き抜ける三脚式マストの支筒のうちの2本。
（写真／Jef Maytom）

▲キャロラインの艦内に多数ある倉庫やスペースのひとつ。これらは長年にわたり用途が居住区から訓練室、事務室とさまざまな変遷を遂げていた。（写真／Jef Maytom）

▲非常用操舵室へ続くハッチ。

◀真鍮製の蝶ネジによる閉鎖機構がよくわかるハッチ。これにより火災への酸素の流入や浸水を遮断できた。

復元作業
Restoration

HMSキャロラインの復元作業は検証と決断の物語であり、効果的な復元計画の策定に必要な、膨大な書類による交渉が成功した結果でもあった。2011～12年の間にさまざまな提案が検討され、その中にはオリジナルの艦容に戻してからポーツマスへ移すというものまであった。しかし、2012年10月、キャロラインは従来どおりベルファスト地域社会の一部としてそこに留まり、今後2年間以上にわたり国家遺産記念基金と歴史遺産宝くじ基金が主体となって1,200万ポンド〔訳註：当時のレートで約15億円〕を拠出し、本艦を一般人のための博物館艦に改装すると北アイルランド政府が発表した。

最初の難関は復元作業だけでなく、解釈展示法（インタープリテーション）だった。キャロラインは1世紀にわたって現役だったので、その間に膨大な改造が施されていた。そのためどこを現状維持とし、どこを往時の姿に戻すのかを決定しなければならなかった。キャロライン復元の計画責任者ジョナサン・ポーターは、著者のインタビューでその方針について次のように説明してくれた。

考慮すべき重要な点は二つありました。この船の歴史的意義を保全維持することに加え、この艦のもつストーリーを内容豊かに興味深く伝えられるような解釈展示法体系も必要だったのです。その両者のバランスが重要でした。例えば本艦のある区画に1914年の竣工当時の歴史的な木材があったとします。その木材は絶対に保存しなければなりません。それに対し、その壁の横に釘止めされている不要品は即撤去です。私たちは膨大な時間を費やして艦内にある物を、歴史的観点から重要か否か、どんなストーリーを語りうるかと

▲復元後のキャロラインでは艦尾に設けられたこの広い大演習室が見どころのひとつとなるだろう。写真の衛生陶器や配管類はすべてオリジナルの艤装品である。

いう面から徹底的に評価しました。そうした初期の科学捜査的な検証が、私たちのしようとする解釈展示法体系の方向性を決めていったのです。そうするうちに本艦をユトランド沖海戦時の姿に戻すよりも、たどってきた年月の真実のストーリーを伝えるほうが大切だという考えにチームは傾いていきました。そのほうが1914年のよりも重要だからです。

復元におけるすべての判断を正しく行なうのに不可欠だったのが、キャロラインがどの時期にどんな艦容だったのかを正確に把握することだった。ジェフ・メイトム（解釈展示法プランナー兼コンテンツ考案ディレクター）と彼に協力するエリック・ケイドー（解釈展示法プランナー兼デザインディレクター）をはじめとする大規模な解釈展示設計チームは、解釈展示を念頭に置きながら本艦を考古学的に調査し、竣工時から現代に至るまでの本艦のストーリーを解き明かした。

▼船首楼甲板から後方に向かって、一層下の突き当りにある大演習室の入口を見る。

▼ずらりと並んでいるのは士官寝室で、扉はオリジナル品である。

▲大演習室の電路接続箱。復元作業中、現代の安全基準に適合させるため、艦内では配線の交換が必要になった箇所もあった。

【写真右上】弾庫や機械室などの重要区画に通ずるハッチの上方には信号灯がよく設置されていた。

【写真右下】シャワー室。上部の貯湯タンクと給湯弁、また左の船体外鈑接合部がわずかに歪んでいることにも注意。これはキャロラインにイギリス海軍の掃海艇が衝突した際の損傷のあと。

▼艦内にある士官寝室のうちのひとつで、壁面の電熱管暖房器は完全オリジナル品である。

以下はジョナサン・ポーターが語った方法論と幸運な発見である。

本艦が建造された、まさにその時までさかのぼれる膨大な数の設計図があったのは極めて幸運でした。どの時期を取っても明らかに多くの変更が——装備を追加したり撤去したり、改修したりと——それらの図面を利用できたおかげで、どんな分析対象物についても、何がいつどこに存在していたのかを科学捜査的に検証できたのです……これらの全作業により、本艦が長年にわたってさまざまな役割のためにどう変化し、改修されてきたのかというストーリーが、塗粧の徹底的な分析でつながりました……船首楼甲板のトイレの後ろから分厚い塗膜片が得られたのですが、そこは明らか

に人のせいで摩耗しない個所でした。塗料に化学的な断面調査を実施したところ、本艦の竣工時から現代まで本艦に塗られたすべての塗色が判明したのです。彼らに言わせると信じられない発見で、ちゃんとしたカラー写真の撮影技術が確立されたのはやっと1950年代になってからですから、昔の軍艦の本当の色は誰も知らなかったんです。それで判明したのは、東インドへ派遣された1922年当時、この艦が白とプライムローズイエローという塗粧だったことでした。

この塗粧についての発見は本事業において最高の興奮を迎えた瞬間だったが、興味のない人にはその意義はまず理解できないだろう。ジェフ・メイトムはイギリス海軍の雑誌の取材にこう答えている。

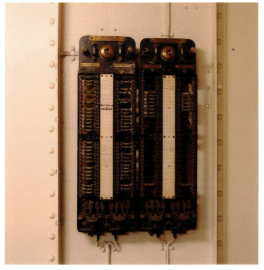

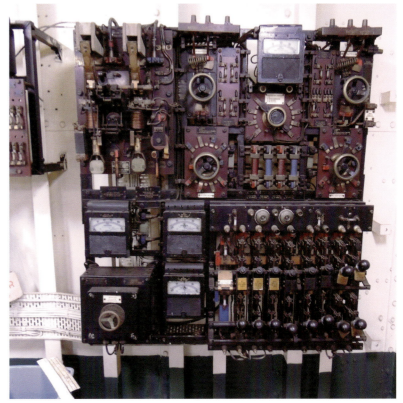

【このページ3枚】安全器収納箱と電路接続箱。復元作業によってキャロラインにはこうしたオリジナルの部品や機械設備がかなり残っていたことが判明した。

「この発見は海軍史と海事史の研究者たちの定説をひっくり返すものです。古生物学者だったなら、恐竜がどんな色だったのか、羽毛があったのかということを完全に証明できたのに匹敵する出来事なのです」

　本艦の物理的な変遷について詳細な情報を獲得すると、復元チームは本艦のたどってきた歴史を艦内の各スペースを使ってどう人々に伝えるかを決定するという段階へ前進できるようになった。当初、チームは本艦を1916年当時の艦容に戻そうと決めていたものの、最終的には本艦の長い歴史をより多彩な手法で展示するべきだと考えるようになった。本書の執筆時点である2015年末において構想されている復元後の本艦の歴史展示レイアウトの全体像をジョナサン・ポーターが説明してくれた。

　艦容については、上甲板の艦尾は基本的にほぼ本艦

のユトランド沖海戦時の状態です。士官寝室の後方三分の一やウォードルームなども同様です。これらはすべて当時の姿に再現します。来観者が艦内を前へと進んでいくと、次のセクションは東インド展開時の姿に近づいていきます。それから大演習室に入りますが、ここはユトランド沖海戦についての映像音響展示スペースになる予定です。また歴史ある機械室もあります。この周辺には架台を設置し、当初の機械設備の設置状態を復元します。ここではパーソンズ式タービンにまつわるストーリーが語られます。さらに艦内を前進すると、来観者は艦の時代を一気に下ります——何十年もです。艦の最前部には下級水兵が食事と睡眠に使っていた下士官兵用居住区があり、私たちは最初これを1970年代当時の社交クラブの状態で保存しようと考えていたのですが、内装が下士官兵用居住区になっているカフェ区画にしようと決定しました。

　言うまでもなく本事業における復元作業には大変な労力が必要だった。内部が狭くて暗く、危険も潜む艦内は、作業現場としては難物である。また、復元作業での最重要項目のひとつが艦内からのアスベストの除去だった。過去において、アスベストは艦船の防熱兼断熱材として非常に多用され、主機械と機関はもちろん、艦内をくまなく走る蒸気管にもふんだんに塗布さ

【写真上2枚】船首楼甲板とその艤装品を捉えたもので、通風筒、点検用ハッチ、船首繋止索、錨鎖などが見える。

れていた。アスベストには発癌性があるため（その微粉末を吸引する危険性があるのは、崩れて粉々になった時だけとはいえ）、一般人を艦内に迎え入れる時までにこの素材を完全に除去しておく必要があった。

復元作業マネージャー、ビリー・ヒューズも、この老朽艦を経年劣化から保護するのに多大な努力を払ってきていた。本艦がまだイギリス国防省の管轄下だった2010年、冬季の厳しい寒さにより配管とラジエーター暖房器の破裂が相次ぎ、各部が浸水して沈没しかねない危険性が生じた。イギリス海軍国立博物館ポー

▲▼キャロラインの船首楼甲板から見た艦橋と三脚式マスト。キャロラインの甲板砲はとうの昔に失われていたため、この写真の撮影後、レプリカの砲が設置された。

ツマス支部長兼HMSキャロライン主任管理士官だったジョン・リース大佐は、2013年のニュースレター紙〔ベルファストの日刊新聞〕のインタビューにこう答えている。

「ビリー・ヒューズ氏の注意深さと素早い判断により、機械室への浸水のポンプ排水がうまく間に合いました。現在すでに私たちが取った対策は、例え気温が零下になっても、本艦を将来ありうる新たな損傷から守れるはずだと確信しています」

チームは水密性の確保のため、甲板の木材も交換しなければならなかった。また1世紀以上海水に浸かっているにもかかわらず、現状は問題なく見える船体に欠陥がないか、詳細な検査も行なった。2010年にはクレーンで20トンもの重錘を本艦に搭載し、IMO（国際海事機関）の荒天防風時での安全基準に適合するかを確認するための傾斜試験も実施した。

著者もその艦内を見学したが、本章に掲載した写真はその際に撮影したものの一部である。軍艦に不慣れな人が甲板の下に潜ると真っ先に感じるのは、通路、貫通路、ハッチ、梯子、階段、諸室が織りなす迷宮のどこに自分がいるのかという、軽い位置感覚の喪失だろう。本書の主題である巨大なド級戦艦や超ド級戦艦よりはるかに小型なキャロラインですらその例外ではない。ジョナサン・ポーターは本艦の設計についても説明してくれた。

外から見ると、この艦はそう大きく見えません。かなりほっそりしています。それでも私がどうしても慣れることができないのは、もの凄い「区画の数」です。それこそ何百も部屋がある感じです。満載時、この艦には海兵隊員も含めて250人が乗れます。内部空間の容量とその効率的な利用法には驚きました……下級兵用居住区にはベンチ式の椅子があるだけで、テーブルとベンチは夜になると折り畳まれてハンモックが吊られ、基本的に水兵たちはその日さっきまで食事をしていた場所で寝るわけです。艦内における生活と空間の共有がどんなものだったか、じっくりと感じていただけることでしょう。

キャロラインが素晴らしい歴史遺産であるのは確かである。忠実に復元された暁には、来観者たちは、機関室の火夫からメインマストの頂部から洋上を睥睨する測的員まで、ユトランド沖海戦当時の軍艦における窮屈極まりなかった艦内生活を余すところなく追体験できるようになるだろう。

◀右舷側の通路。復元チームは艦内各所にめぐらされた配管からアスベストを完全に除去するため大変な苦労をした。

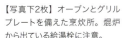

【写真下2枚】オーブンとグリルプレートを備えた烹炊所。焜炉から出ている給湯栓に注意。

▶キャロラインの前部居住区で（ハンモック用フックが梁の各所に残っているのに注意）、画面奥側、斜めに2本貫通している管は下部にある錨鎖庫へと繋がっている。

▼艦首の内部で、ここで船首外鈑が合わさっている。

▲前部弾火薬庫。棚には15.2cm砲弾用の木製ブロックが見える。

▶キャロラインを艦尾方向から見る。後甲板にある、第一次世界大戦後にイギリス海軍予備員部隊へ移籍された際に追加された大型船楼がよくわかる。本艦の価値を守るため、2015年12月にこの船楼は撤去された。（写真／NMRN）

参考資料と関連書籍
Bibliography and further reading

海軍本部および英海軍の公式一次資料
Official Admiralty and Royal Navy primary source documents
Bacon, Captain R.C. Report on the Experimental Cruise (1907).
Director of Naval Ordnance, Considerations of the Design of a Battleship (1906).
'Fire Control and Secondary Armament (an answer to the complaint that the Dreadnought has insufficient secondary armament)' (July 1906).
'HMS Dreadnought – Plans of Decks' (1906).
'HMS Dreadnought (Notes for Use of the Parliamentary Secretary in Debate' (June 1906).
'Memorandum Explanatory of the Programme of New Construction for 1905-1906, with Details Omitted from the Navy Estimates for 1906-1907' (1906).
Naval Controller, 'Comparison of various Guns for Secondary Armament of Battleships' (n.d.).
Naval Intelligence Division, 'H.M. ships Dreadnought and Invincible: memorandum' (n.d.).
'Naval Strength of Principal Maritime Powers showing in detail Dreadnoughts built, building and projected' (1908).
'The Balance of Naval Power' (1906).
'Turning Powers of the Dreadnought' (1906).
Slade, Captain E.J.W., 'Lecture on Speed in Battleships' (n.d.).
St Erme Cardew, John, Journal kept by John St Erme Cardew as Midshipman on HMS Dreadnought 15 September 1909-7 September 1910.

書籍
Books
Allen, Richard W., Air Supply to Boiler Rooms of Modern Ships of War (London, Charles Griffin & Co., 1921).
Breyer, Siegfried, Battleships and Battle Cruisers, 1905-1970, trans. by Alfred Kurti (London, MacDonald & Jane's, 1973).
Brown, David K., The Grand Fleet: Warship Design and Development 1906-1922 (Barnsley, Seaforth, 1997).
Burr, Lawrence, British Battlecruisers 1914-18 (Oxford, Osprey, 2006).
Burt, R.A., British Battleships of World War One (Barnsley, Seaforce, 2012).
Buxton, Ian and Johnston, Ian, The Battleships Builders: Constructing and Arming British Capital Ships (Barnsley, Seaforth, 2013).
Chant, Christopher, Twentieth-Century War Machines – Sea (London, Chancellor Press, 1999).
Draminski, Stefan, The Battleship HMS Dreadnought (Super drawings in 3D) (Lublin, Kagero, 2013).
Friedman, Norman, Naval Firepower: Battleship Guns and Gunnery in the Dreadnought Era (Barnsley, Seaforth, 2008).
Friedman, Norman, Naval Weapons of World War One: Guns, Torpedoes, Mines and ASW Weapons of all Nations – An Illustrated Directory (Barnsley, Seaforth, 2011).
Golding, Harry (ed.), The Wonder Book of Ships (London, Ward, Lock & Co., n.d.).
Golding, Harry (ed.), The Wonder Book of the Navy (London, Ward, Lock & Co., n.d.).
Hodges, Peter, The Big Gun: Battleship Main Armament 1860-1945 (London, Conway Maritime Press, 1981).
Hough, Richard, Dreadnought: A History of the Modern Battleship (London, Endeavour Press, 2015).
Hythe, Viscount (ed.), The Naval Annual 1913 (Portsmouth, J. Griffin & Co., 1913).
Jane's Fighting Ships of World War I (London, Studio Editions, 1990).
Keegan, John, Battle at Sea (London, Pimlico, 1993).
Konstam, Angus, British Battleships 1914-1918 (1): The Early Dreadnoughts (Oxford, Osprey, 2013).
Konstam, Angus, British Battleships 1914-1918 (2): The Super Dreadnoughts (Oxford, Osprey, 2013).
Leather, John, World Warships in Review 1860-1906 (London, Purnell, 1976).
Parkinson, Roger, Dreadnought – The Ship that Changed the World (London, I.B. Tauris, 2015).
Roberts, John, The Battleship Dreadnought – Anatomy of the Ship (London, Conway, 2013).
Thomas, Roger D. and Patterson, Brian, Dreadnoughts in Camera (Stroud, Sutton, 1998).

【原著者紹介】
クリス・マクナブ Chris McNab
　戦史および軍事技術を専門とする著述家兼編集者。キューベルワーゲン／シュヴィムワーゲン・マニュアル、RAFチヌーク・マニュアル (いずれもイギリスヘインズ出版刊) をはじめ、著作は100冊を超える。イギリス南ウェールズ地方在住。

【訳者紹介】
平田光夫
　1991年、東京大学工学部建築学科卒業。主な訳書に『台南海軍航空隊』『オスプレイ F-14 トムキャット オペレーション イラキフリーダム』『同 イラク空軍のF-14トムキャット飛行隊』『F-14 トムキャット 写真集 バイ・バイ・ベイビー』などがあり、戦史方面の語句を踏まえた翻訳に定評がある。

イギリス海軍戦艦ドレッドノート 弩級・超弩級戦艦たちの栄光 1906-1916
オーナーズ・ワークショップ・マニュアル

発行日	2017年11月27日　初版第1刷
著　者	クリス・マクナブ
訳　者	平田光夫
発行人	小川光二
発行所	株式会社 大日本絵画 〒101-0054東京都千代田区神田錦町1丁目7番地 Tel. 03-3294-7861 (代表)　Fax.03-3294-7865 URL. http://www.kaiga.co.jp
企画・編集	株式会社 アートボックス 〒101-0054東京都千代田区神田錦町1丁目7番地 錦町1丁目ビル4F Tel. 03-6820-7000 (代表)　Fax. 03-5281-8467 URL. http://www.modelkasten.com
装　丁	九六式艦上デザイン事務所
DTP処理	小野寺 徹
印刷	大日本印刷株式会社
製本	株式会社ブロケード

Originally published in English by Haynes Publishing under the title:
The Dreadnought Battleship Manual, written by Chris McNab

Copy editor: Michelle Tilling
Proof reader: Penny Housden
Indexer: Peter Nicholson
Design and layout: James Robertson

Printed in Japan
ISBN978-4-499-23226-5

内容に関するお問い合わせ先：03(6820)7000　㈱ アートボックス
販売に関するお問い合わせ先：03(3294)7861　㈱ 大日本絵画